암산이 빨라지는
인도 베다수학

1NICHI 20PUN 10KAKAN DE TSUKAERU YOUNI NARU INDO SUGAKU

Originally published in Japan by Kasakura Publishing Co., Ltd.
Korean Translation Copyright © 2023 by BONUS Publishing Co.
Korean edition is published by arrangement with Kasakura Publishing Co., Ltd. through BC Agency.

암산이 빨라지는
인도 베다수학

인도수학연구회 지음
라니 산쿠 감수
장은정 옮김

바이킹

◉ 머리말

빠르고 정확한 암산 실력을 기르는 인도수학 길잡이

선생님이나 부모님께 꾸중을 들으며 구구단을 힘들게 외웠던 기억을 누구나 가지고 있을 것입니다. 놀랍게도 인도의 학생들은 9단이 아니라 19단까지 외웁니다. 거짓말처럼 들리겠지만, 30단까지 외우는 학생들도 있다고 합니다. 어떻게 이런 일이 가능할까요?

요즈음에는 그다지 어렵지 않은 계산도 계산기를 사용합니다. 하지만 인도의 학교에서는 선생님이 두 자릿수 곱셈이나 복잡한 나눗셈 문제를 내면 학생들은 재빨리 머릿속으로 암산을 합니다. 그리고 곧바로 답을 내놓을 수 있도록 꾸준히 이러한 연습을 합니다.

인도의 학생들은 어린 시절부터 일상생활이나 놀이 속에서 자연스럽게 수학을 접하기 때문에 암산 속도가 월등하게 빠를 뿐만 아니라, 학교에서도 이처럼 가능한 한 암산을 하도록 권장합니다. 기본적으로 교실에서는 계산기를 사용하지 못하게 되어 있으며, 심지어 이과 계열의 대학생조차도 함수계산기를 사용하지 않고, 할 수 있는 부분까지는 암산으로 계산합니다. 이처럼 암산을 적극적으로 권장하는 교육 방침이 인도인들이 수학 분야에서 많은 활약을 하는 데 밑거름이 되었다고 할 수 있습니다.

수학은 인류 문명의 역사와 함께해 왔으며, 그중에서도 고대 이집트, 중국, 인도, 메소포타미아 지역은 저마다 특색 있는 계산 방법을 발전시켰습니다. 인도에서는 기원전 3~4세기경에 쓰여진 베다 경전《슈르바수트라》에 이차방정식, 부정방정식, 제곱근, 세제곱근을 구하는 방법이 실려 있습니다. 천문학과 측량술이 발

4

달하여 유럽보다 수백 년이나 앞서 삼각함수를 발견했으며, 잘 알려져 있듯이 '0'을 발견한 것 또한 인도인들입니다.

이 책에 소개한 인도수학의 '초스피드 계산법'이 정확히 언제부터 비롯되었는지는 알 수 없습니다. 유서 깊은 수학의 역사를 자랑하는 인도에서 오랜 세월에 걸쳐 정리된 것이라고 추측할 뿐입니다.

컴퓨터와 계산기가 널리 보급된 요즘에는 굳이 암산을 할 필요가 없다고 생각할 수도 있습니다. 하지만 암산을 강조하는 것이 단지 계산을 빨리 할 수 있다는 편리함 때문만은 아닙니다. 암산은 두뇌를 활성화하는 데 도움이 되며, 숫자와 수학에 대한 두려움을 없애 줍니다. 특히 인도수학만의 독특하고도 참신한 계산 방법은 수학적 사고력을 넓히는 데 큰 도움이 됩니다.

이 책을 매일 꾸준히 공부해 보세요. 세 번 정도 복습하면 여러분도 인도의 학생들처럼 '암산의 달인'이 될 수 있습니다. 이렇게 하여 머릿속에 숫자가 저절로 떠오르는 수준에 오르면, 일상생활의 간단한 계산 정도는 계산기를 빌리지 않고도 손쉽게 해결할 수 있을 것입니다.

한 가지 주의할 점은 인도수학의 계산 방법이 학교에서 공부하는 방법과는 다소 차이가 있다는 점입니다. 먼저 학교에서 배우는 일반적인 계산 방법을 완벽하게 익힌 다음, 생각의 틀을 넓히는 부차적인 방법으로서 접근하기를 바랍니다.

인도수학연구회

◉ 차례

3장 곱셈2 - 크로스 계산법

4장 나눗셈

⊙ 진단평가

다음 문제를 풀어 보고, 현재 자신의 실력을 점검해 봅시다. 어떤 문제 유형이 가장 어려운지, 서술형 문제를 수식으로 바꾸어 생각할 수 있는지도 확인해 보세요.

문제 아래쪽을 보면 해당 문제 유형이 이 책의 어느 쪽에 수록되어 있는지 알 수 있습니다.

01 친구들과 놀이공원에 가기로 했습니다. 집에서부터 놀이공원이 있는 역까지 지하철로 68분, 역에서부터 놀이공원 입구까지는 걸어서 19분이 걸립니다. 집에서 놀이공원까지 가는 데 총 몇 분이 걸릴까요? ➔ (Day 1) 두 자릿수의 덧셈(14쪽)

02 우체국에 편지 2통을 부치러 갔습니다. 발송요금이 1통은 1350원, 나머지 1통은 480원이 나왔습니다. 모두 얼마를 내야 할까요?
➔ (Day 1) 세 자릿수 이상의 덧셈(20쪽)

03 올해에는 책을 52권 읽는 것이 목표입니다. 지금까지 읽은 책이 총 18권이라면, 몇 권을 더 읽어야 할까요? ➔ (Day 2) 두 자릿수의 뺄셈(24쪽)

04 꼭 갖고 싶은 장난감이 있어서 용돈을 모으고 있습니다. 장난감의 가격은 27700원입니다. 지금까지 모은 돈이 2890원이라면, 얼마를 더 모아야 할까요?
➔ (Day 2) 세 자릿수 이상의 뺄셈(28쪽)

05 줄넘기를 하루에 75번씩 하려고 합니다. 75일 동안 매일 같은 횟수로 줄넘기를 한다면 총 몇 번을 한 셈일까요? ➔ (Day 3) 75×75의 곱셈(34쪽)

06 가로로 19개, 세로로 19개씩 정사각형 모양으로 타일을 붙이려고 합니다. 타일은 모두 몇 개가 필요할까요? ➔ (Day 4) 19×19의 곱셈(44쪽)

07 한 음악 사이트에 38개의 신곡이 올라왔습니다. 이 사이트의 회원 중 32명이 이 신곡들을 전부 내려받았다면 총 몇 곡이 판매되었을까요?

➡ (Day 5) 일의 자리의 합이 10이고, 십의 자리의 수가 같은 곱셈(56쪽)

08 맛있는 초콜릿이 94개 들어 있는 초콜릿 상자가 있습니다. 이러한 상자가 99개 있다면, 초콜릿의 개수는 모두 몇 개일까요?

➡ (Day 6) 100에 가까운 두 자릿수의 곱셈(68쪽)

09 구슬을 꿰어 목걸이를 만들려고 합니다. 목걸이 하나를 만드는 데 구슬이 84개 필요합니다. 목걸이를 87개 만들 생각이라면 구슬이 모두 몇 개 있어야 할까요?

➡ (Day 7) 두 자릿수 크로스 계산(82쪽)

10 총 197권이 들어 있는 문학 전집을 114질 구입하여 학교마다 한 질씩 기증하려고 합니다. 낱권으로 하면 모두 몇 권을 기증한 셈일까요?

➡ (Day 8) 크로스 계산과 19×19의 곱셈(94쪽)

11 귤 3000개를 25명에게 똑같이 나누어 주려고 합니다. 한 사람에게 몇 개씩 돌아갈까요? ➡ (Day 9) 나누는 수가 25인 나눗셈(108쪽)

12 전국 수학 경시대회에 모두 32000명이 참가 신청을 했습니다. 98명씩 한 조로 묶는다면, 모두 몇 조가 만들어질까요? 또 조에 들어가지 못하고 남는 학생은 몇 명일까요?

➡ (Day 10) 나누는 수가 100에 가까운 나눗셈(120쪽)

① 87곡 ② 18300원 ③ 34질 ④ 7곡 ⑤ 2481039 ⑥ 56255원 ⑦ 361개 ⑧ 1216숙 ⑨ 9306개 ⑩ 73087 ⑪ 224558공 ⑫ 326조가 만들어지고 52명이 남음

정답

9

◉ 이 책의 활용법

이 책은 열흘 만에 인도수학의 암산 원리를 익힐 수 있도록 구성되어 있습니다. 인도수학의 계산 방법은 학교에서 배우는 방법과는 다소 차이가 있습니다. 예제와 '단계별 암산 원리'로 풀이 방법을 이해한 다음, 연습문제를 풀어 보세요.

CHECK 예제

예제는 일상생활에서 접할 수 있는 일들로 구성했습니다. 인도수학의 암산 방법을 실제 생활에서도 적용해 볼 수 있으며, 까다로운 서술형 문제에 자신감을 가질 수 있도록 도움을 줍니다.

CHECK

오늘 공부할 내용을 알려 줍니다.

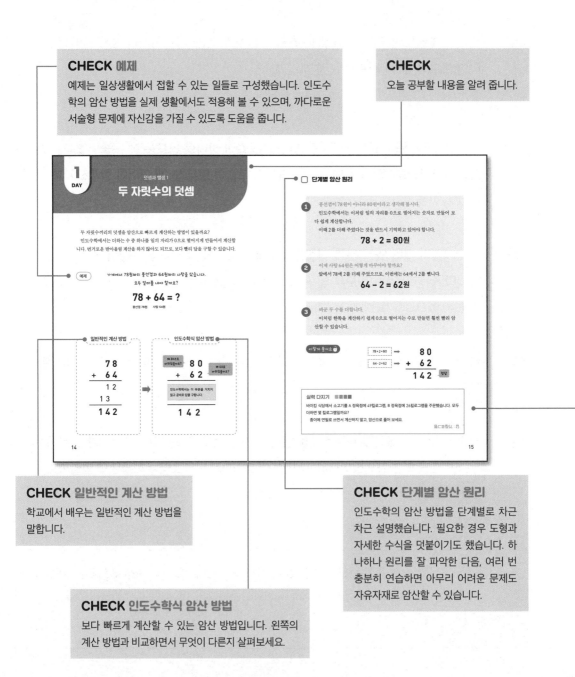

CHECK 일반적인 계산 방법

학교에서 배우는 일반적인 계산 방법을 말합니다.

CHECK 인도수학식 암산 방법

보다 빠르게 계산할 수 있는 암산 방법입니다. 왼쪽의 계산 방법과 비교하면서 무엇이 다른지 살펴보세요.

CHECK 단계별 암산 원리

인도수학의 암산 방법을 단계별로 차근차근 설명했습니다. 필요한 경우 도형과 자세한 수식을 덧붙이기도 했습니다. 하나하나 원리를 잘 파악한 다음, 여러 번 충분히 연습하면 아무리 어려운 문제도 자유자재로 암산할 수 있습니다.

CHECK 연습문제

연습문제는 4~8문제가 실려 있습니다. 한 번 푸는 것으로 끝내지 말고, 여러 차례 반복하여 연습해 보세요.

CHECK 힌트

연습문제 중에서는 힌트가 실려 있는 것도 있습니다. 풀기 어려울 때 참고하세요.

연습문제

▶ 정답 : 130쪽

일의 자리 숫자가 0이 되도록 만들어서, 다음 문제를 풀어 보세요.
인도수학의 계산 방법에 익숙해지도록 차근차근 빈칸을 채워 보세요.

❶ 28 + 57 =

① □
(28 + □ = ①)
+ □
(57 − □ = ②)
□

☞ 28을 0으로 떨어지는 수로 만드세요.

❹ 57 + 26 =

① □
(57 + □ = ①)
+ □
(26 − □ = ②)
□

❷ 36 + 25 =

① □
(36 + □ = ①)
+ ② □
(25 − □ = ②)
□

☞ 36에 얼마를 더하면 될까요?

❺ 27 + 69 =

① □
(27 + □ = ①)
+ ② □
(69 − □ = ②)
□

❸ 38 + 49 =

① □
(38 + □ = ①)
+ ② □
(49 − □ = ②)
□

☞ 38을 0으로 떨어지는 수로 만드세요.

❻ 76 + 45 =

① □
(76 + □ = ①)
+ ② □
(45 − □ = ②)
□

16

17

CHECK 실력 다지기

많은 학생들이 어려워하는 문장제 문제나, 더 알아두면 좋은 내용들을 수록했습니다. 본격적인 연습 문제에 들어가기 전에 계산 원리를 확실하게 익힐 수 있습니다.

CHECK 계산 순서를 익힙니다

인도수학은 문제 유형에 따라 계산 방법이 달라지기 때문에, 계산 순서를 정확하게 기억하는 것이 중요합니다. 처음에는 빈칸을 하나하나 채우면서 계산 순서를 정확하게 익히고, 자신감이 생기면 암산으로도 도전해 보세요.

◉ 공부 계획표

아래 예시를 활용하여 스스로 공부 계획을 세워 보세요. 이해가 되지 않는 부분은 다시 차근차근 살펴보고, 틀린 문제가 많은 부분은 한 번 더 도전해 보세요.

DAY 1

공부한 날 (월 일)		
연습문제 (16쪽)	연습문제 (18쪽)	연습문제 (22쪽)
6문제	6문제	6문제

DAY 2

공부한 날 (월 일)		
연습문제 (26쪽)	연습문제 (30쪽)	종합문제 (32쪽)
6문제	6문제	6문제

DAY 3

공부한 날 (월 일)	
연습문제 (36쪽)	연습문제 (42쪽)
8문제	6문제

DAY 4

공부한 날 (월 일)	
연습문제 (47쪽)	연습문제 (53쪽)
6문제	6문제

DAY 5

공부한 날 (월 일)	
연습문제 (59쪽)	연습문제 (65쪽)
6문제	6문제

DAY 6

공부한 날 (월 일)		
연습문제 (71쪽)	연습문제 (77쪽)	종합문제 (80쪽)
6문제	6문제	6문제

DAY 7

공부한 날 (월 일)	
연습문제 (84쪽)	연습문제 (91쪽)
8문제	6문제

DAY 8

공부한 날 (월 일)		
연습문제 (97쪽)	연습문제 (103쪽)	종합문제 (106쪽)
6문제	6문제	6문제

DAY 9

공부한 날 (월 일)	
연습문제 (110쪽)	연습문제 (117쪽)
8문제	6문제

DAY 10

공부한 날 (월 일)		
연습문제 (122쪽)	연습문제 (126쪽)	종합문제 (128쪽)
4문제	4문제	6문제

1장

덧셈과 뺄셈

덧셈과 뺄셈 1

두 자릿수의 덧셈

두 자릿수끼리의 덧셈을 암산으로 빠르게 계산하는 방법이 있을까요?

인도수학에서는 더하는 수 중 하나를 일의 자리가 0으로 떨어지게 만들어서 계산합니다. 번거로운 받아올림 계산을 하지 않아도 되므로, 보다 빨리 답을 구할 수 있습니다.

예제

가게에서 78원짜리 풍선껌과 64원짜리 사탕을 샀습니다.
모두 얼마를 내야 할까요?

78 + 64 = ?

풍선껌 78원   사탕 64원

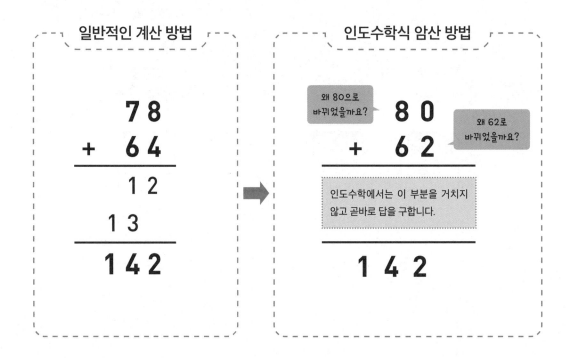

☐ 단계별 암산 원리

1 풍선껌이 78원이 아니라 80원이라고 생각해 봅시다.

인도수학에서는 이처럼 일의 자리를 0으로 떨어지는 숫자로 만들어 보다 쉽게 계산합니다.

이때 2를 더해 주었다는 것을 반드시 기억하고 있어야 합니다.

$$78 + 2 = 80원$$

2 이제 사탕 64원은 어떻게 바꾸어야 할까요?

앞에서 78에 2를 더해 주었으므로, 이번에는 64에서 2를 뺍니다.

$$64 - 2 = 62원$$

3 바꾼 두 수를 더합니다.

이처럼 한쪽을 계산하기 쉽게 0으로 떨어지는 수로 만들면 훨씬 빨리 암산할 수 있습니다.

이렇게 풀어요 🔒

78+2=80	➡
64-2=62	➡

```
    8 0
+   6 2
_____
  1 4 2
```
정답

실력 다지기 ■■■■

바이킹 식당에서 소고기를 A 정육점에 49킬로그램, B 정육점에 26킬로그램을 주문했습니다. 모두 더하면 몇 킬로그램일까요?

종이에 연필로 쓰면서 계산하지 말고, 암산으로 풀어 보세요.

답 : 75킬로그램

일의 자리 숫자가 0이 되도록 만들어서, 다음 문제를 풀어 보세요.
인도수학의 계산 방법에 익숙해지도록 차근차근 빈칸을 채워 보세요.

1   **28 + 57 =**

$(28 +$ ⬜ $=$ ⬜ ①$)$

$(57 -$ ⬜ $=$ ⬜ ②$)$

🎲 28을 0으로 떨어지는 수로 만드세요.

① ⬜

+ ② ⬜

⬜

2   **36 + 25 =**

$(36 +$ ⬜ $=$ ⬜ ①$)$

$(25 -$ ⬜ $=$ ⬜ ②$)$

🎲 36에 얼마를 더하면 될까요?

① ⬜

+ ② ⬜

⬜

3   **38 + 49 =**

$(38 +$ ⬜ $=$ ⬜ ①$)$

$(49 -$ ⬜ $=$ ⬜ ②$)$

🎲 38을 0으로 떨어지는 수로 만드세요.

① ⬜

+ ② ⬜

⬜

4　**57 + 26 =**

(57 + ☐ = ☐ ①)
(26 – ☐ = ☐ ②)

① ☐
+ ② ☐
───────────
☐

5　**27 + 69 =**

(27 + ☐ = ☐ ①)
(69 – ☐ = ☐ ②)

① ☐
+ ② ☐
───────────
☐

6　**76 + 45 =**

(76 + ☐ = ☐ ①)
(45 – ☐ = ☐ ②)

① ☐
+ ② ☐
───────────
☐

연습문제

이번에는 연필로 계산하지 말고 되도록 암산으로 풀어 보세요.
앞에서 공부한 계산 방법을 떠올리면서 0으로 떨어지게 하려면 어떻게 해야 할지 잘
생각해 보세요.

1   **39 + 57 =**

> 🎲 39를 0으로 떨어지게 하려면?

2   **68 + 18 =**

> 🎲 8에 얼마를 더하면 10이 될까요?

3   **18 + 73 =**

> 🎲 0으로 떨어지는 수는 20.

▶ 정답 : 130쪽

4　69 + 14 =

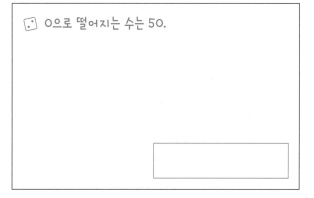

⚀ 9에 얼마를 더하면 10이 될까요?

5　49 + 47 =

⚀ 0으로 떨어지는 수는 50.

6　76 + 15 =

1 DAY

세 자릿수 이상의 덧셈

세 자릿수가 넘는 덧셈도 두 자릿수 덧셈과 같은 원리입니다. 더하는 수 중 하나를 0으로 떨어지는 수로 만들면 됩니다. 이때는 일의 자리 수뿐만 아니라, 십의 자리 수까지 0으로 만들면 보다 쉽게 계산할 수 있습니다.

예제

가게에서 398원짜리 빵과 158원짜리 음료수를 샀습니다.
모두 얼마를 내야 할까요?

$$398 + 158 = ?$$

빵 398원　　　음료수 158원

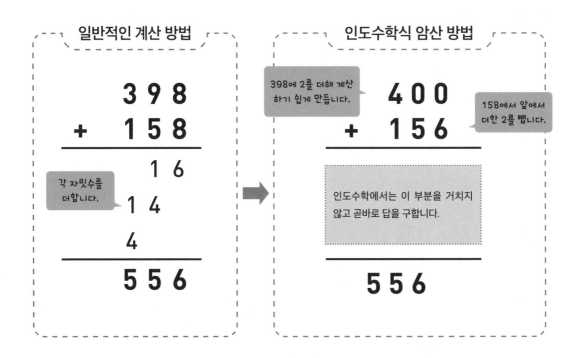

🔲 단계별 암산 원리

1 빵의 가격이 398원이 아니라 400원이라고 생각해 봅시다.
두 자릿수 덧셈에서 살펴본 것처럼, 인도수학에서는 0으로 떨어지는 숫자로 만들어 보다 쉽게 계산합니다. 이때는 일의 자리뿐만 아니라, 십의 자리까지 0으로 만들어야 암산하기 쉽습니다.

$$398 + 2 = 400원$$

2 음료수 158원은 어떻게 바꾸어야 할까요?
앞에서 398에 2를 더해 주었으므로, 이번에는 158에서 2를 뺍니다.

$$158 - 2 = 156원$$

3 바꾼 두 수를 더합니다.
이처럼 한쪽을 계산하기 쉽게 0으로 떨어지는 수로 만들면 훨씬 빨리 암산할 수 있습니다.

이렇게 풀어요 🔒

| 398 + 2 = 400 | ➡ |
| 158 + 2 = 156 | ➡ |

```
    400
  + 156
  ─────
    556   정답
```

실력 다지기 ■■■■

세 자릿수 이상의 복잡한 덧셈에서는 암산만으로는 풀기 어려울 때가 종종 있습니다. 계산하기 쉽게 바꾼 숫자를 종이에 적은 다음 푸는 것도 좋은 방법입니다. 하지만 마지막 덧셈 과정은 반드시 암산으로 풀어 보세요.

연습문제

일의 자리와 십의 자리 숫자가 0이 되도록 만들어서, 다음 문제를 풀어 보세요.
인도수학의 계산 방법에 익숙해지도록 빈칸을 채우면서 차근차근 풀어 보세요.
꾸준히 연습하면 암산으로도 충분히 풀 수 있습니다.

1 **487 + 665 =**

487 + □ = □ ①

665 – □ = □ ②

☺ 490이 아니라 500으로 만들어야 합니다.

① □

+ ② □

□

2 **981 + 123 =**

981 + □ = □ ①

123 – □ = □ ②

☺ 990이 아니라 1000으로 만들어야 합니다.

① □

+ ② □

□

3 **778 + 889 =**

778 + □ = □ ①

889 – □ = □ ②

☺ 778을 800으로 만들려면 얼마를 더해야 할까요?

① □

+ ② □

□

▶ 정답 : 131쪽

4   **875 + 1566 =**

875 + [   ] = [   ] ①

1566 − [   ] = [   ] ②

🎲 875를 어떻게 바꾸어야 할까요?

① [   ]

+ ② [   ]
_____

[   ]

5   **589 + 2976 =**

589 + [   ] = [   ] ①

2976 − [   ] = [   ] ②

① [   ]

+ ② [   ]
_____

[   ]

6   **193 + 7349 =**

193 + [   ] = [   ] ①

7349 − [   ] = [   ] ②

① [   ]

+ ② [   ]
_____

[   ]

덧셈과 뺄셈 3

두 자릿수의 뺄셈

인도수학의 암산 방법을 사용하면 뺄셈도 암산으로 손쉽게 계산할 수 있습니다.

두 자릿수 뺄셈에서도 덧셈과 마찬가지로 일의 자리를 0으로 떨어지게 만들어 계산합니다.

(예제) 친구들과 야구 연습을 했습니다. 처음에는 야구공이 모두 91개가 있었는데,

연습이 끝나고 바구니에 담아 보니 39개밖에 남지 않았습니다.

모두 몇 개가 없어진 걸까요?

91 - 39 = ?

맨 처음에 있던 개수   남은 개수

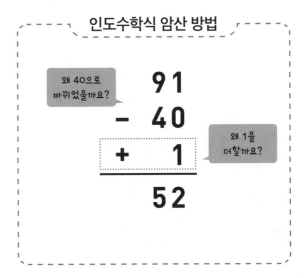

일반적인 계산 방법

$$
\begin{array}{r}
91 \\
- 39 \\
\hline
2 \\
+ 50 \\
\hline
52
\end{array}
$$

인도수학식 암산 방법

왜 40으로 바뀌었을까요?

왜 1을 더할까요?

$$
\begin{array}{r}
91 \\
- 40 \\
+ 1 \\
\hline
52
\end{array}
$$

🎲 덧셈에서는 한쪽에 2를 더하면 나머지 한쪽에서 2를 빼 답을 같게 만듭니다. 이처럼 덧셈에서는 양쪽을 둘 다 바꾸지만, 뺄셈에서는 빼는 수만 가지고 생각합니다.

단계별 암산 원리

1 바구니에 있는 야구공이 39개가 아니라 40개라고 생각해 봅시다.

인도수학에서는 뺄셈의 경우에도 빼는 수를 일의 자리가 0으로 딱 떨어지는 숫자로 만들어서 계산합니다. 우선, 39에 1을 더해 40으로 만듭니다. 이때 1을 더했다는 것을 반드시 기억하고 있어야 합니다.

39 + 1 = 40개

2 91에서 40을 뺍니다.

원래의 계산은 '91 − 39'였는데, 39를 40으로 바꾸어서 계산하기가 훨씬 수월해집니다.

91 − 40 = 51개

3 1을 다시 더해 줍니다.

앞에서 계산을 쉽게 하기 위해 39에 1을 더해 40으로 만들었습니다. 이제 이를 원래대로 되돌려야 하므로, 2번의 답에 1을 다시 더해 줍니다.

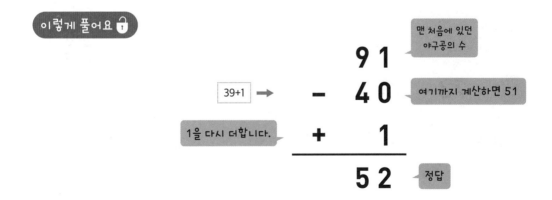

이렇게 풀어요 🔒

맨 처음에 있던 야구공의 수

```
        9 1
39+1 → − 4 0   여기까지 계산하면 51
1을 다시 더합니다. + 1
       ─────
        5 2   정답
```

연습문제

앞에서 공부한 두 자릿수 뺄셈의 암산 원리를 이용해 다음 문제를 풀어 보세요.
덧셈과는 달리 빼는 수만 간단하게 바꾸면 된다는 점에 주의하세요.

1 **65 – 27 =**

(27 + ☐ ② = ☐ ①)

🎲 27에 얼마를 더해야 0으로 떨어지는 수가 될까요?

```
        6 5
  – ①  ☐
  + ②  ☐
  ─────────
       ☐
```

2 **57 – 19 =**

(19 + ☐ ② = ☐ ①)

🎲 일의 자리에 9처럼 큰 수가 나오면, 거꾸로 나중에
더해 주는 수는 작아집니다.

```
        5 7
  – ①  ☐
  + ②  ☐
  ─────────
       ☐
```

3 **73 – 58 =**

(58 + ☐ ② = ☐ ①)

🎲 ②에 들어갈 숫자를 알면 쉽게 답을 구할 수 있습니다.

```
        7 3
  – ①  ☐
  + ②  ☐
  ─────────
       ☐
```

4 **84 – 28 =**

(28 + ⬚ ② = ⬚ ①)

☐ 28을 어떻게 바꾸어야 할까요?

```
          8 4
 − ①  [        ]
 + ②  [        ]
 ─────────────
      [        ]
```

5 **82 – 16 =**

(16 + ⬚ ② = ⬚ ①)

```
          8 2
 − ①  [        ]
 + ②  [        ]
 ─────────────
      [        ]
```

6 **88 – 39 =**

(39 + ⬚ ② = ⬚ ①)

```
          8 8
 − ①  [        ]
 + ②  [        ]
 ─────────────
      [        ]
```

자릿수가 셋 이상이 되면 계산에 어려움을 겪는 경우가 많습니다. 하지만 자릿수가 커지더라도 기본적인 암산 원리는 같습니다. 두 자릿수 뺄셈과 마찬가지로, 빼는 수를 0으로 떨어지는 수로 만들어서 계산합니다.

예제   A 도시에서 B 도시까지의 거리는 총 679킬로미터입니다.
지금까지 총 196킬로미터를 왔다면, 앞으로 몇 킬로미터를 더 가야 할까요?

$$679 - 196 = ?$$

A에서 B까지의 거리   지금까지 온 거리

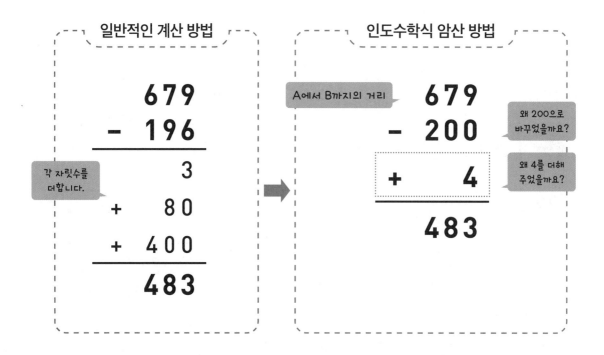

일반적인 계산 방법	인도수학식 암산 방법

일반적인 계산 방법

```
  679
- 196
─────
    3
+  80
+ 400
─────
  483
```

각 자릿수를 더합니다.

인도수학식 암산 방법

A에서 B까지의 거리

```
  679
- 200
─────
+   4
─────
  483
```

왜 200으로 바꾸었을까요?

왜 4를 더해 주었을까요?

☐ 단계별 암산 원리

1 196을 0으로 떨어지는 수로 만듭니다.

세 자릿수 뺄셈의 경우에도 빼는 수를 0으로 떨어지게 바꾸면 쉽게 계산할 수 있습니다. 이때는 일의 자리뿐만 아니라 십의 자리까지 0으로 만듭니다.

계산을 쉽게 하기 위해서 196에 4를 더해 200으로 만듭니다.

$$196 + 4 = 200 \text{km}$$

2 총 거리 679킬로미터에서 200킬로미터를 뺍니다.

여기서 200은 원래 문제의 196에서 4를 더해 준 것임을 꼭 기억해 두세요.

$$679 - 200 = 479 \text{km}$$

3 2번의 답에 1번에서 196을 0으로 떨어지는 수로 만들기 위해 사용한 수를 다시 더합니다.

원래는 196만을 빼야 하는데 계산하기 쉽게 200으로 바꾸어 4를 더 뺐기 때문에, 4를 다시 더해 주는 것입니다.

수식으로 바꾸어 표현하면, '679 - 196 - 4 + 4'가 됩니다.

이렇게 풀어요 🔒

```
                     6 7 9      ← A에서 B까지의 거리
      196 + 4  →   -  2 0 0     ← 여기까지의 답은 479
4를 다시 더합니다.   +      4
                   _____
                     4 8 3      정답
```

연습문제

빼는 수를 0으로 떨어지게 바꾸어서 다음 문제를 풀어 보세요.
세 자릿수 뺄셈이 조금 어렵게 느껴진다면, 처음부터 암산으로 풀지 말고 연필로 계산
과정으로 적으면서 연습해 보세요.

1　**832 – 196 =**

(196 + ☐ ② = ☐ ①)

🎲 196을 200으로 바꾸려면 얼마를 더해야 할까요?

```
          8 3 2
 ─ ①  ┌─────────┐
       └─────────┘
 + ②  ┌─────────┐
       └─────────┘
      ─────────────
      ┌─────────┐
      └─────────┘
```

2　**566 – 297 =**

(297 + ☐ ② = ☐ ①)

🎲 297을 0으로 떨어지게 하려면 어떻게 해야 할까요?

```
          5 6 6
 ─ ①  ┌─────────┐
       └─────────┘
 + ②  ┌─────────┐
       └─────────┘
      ─────────────
      ┌─────────┐
      └─────────┘
```

3　**976 – 393 =**

(393 + ☐ ② = ☐ ①)

🎲 393을 계산하기 쉽게 바꾸려면 어떻게 해야 할까요?

```
          9 7 6
 ─ ①  ┌─────────┐
       └─────────┘
 + ②  ┌─────────┐
       └─────────┘
      ─────────────
      ┌─────────┐
      └─────────┘
```

▶ 정답 : 132쪽

4 **621 – 193 =**

(193 + ⬜ ② = ⬜ ①)

🎲 ②에 들어갈 숫자는 무엇일까요?

```
    6 2 1
 –① ⬜
 +② ⬜
 ──────
    ⬜
```

5 **756 – 488 =**

(488 + ⬜ ② = ⬜ ①)

```
    7 5 6
 –① ⬜
 +② ⬜
 ──────
    ⬜
```

6 **982 – 578 =**

(578 + ⬜ ② = ⬜ ①)

```
    9 8 2
 –① ⬜
 +② ⬜
 ──────
    ⬜
```

▶ 정답 : 133쪽

인도수학의 암산 방법을 사용해 다음 문제를 풀어 보세요.

1 64 + 38 = _____

2 288 + 753 = _____

3 998 + 1984 = _____

4 42 − 28 = _____

5 572 − 489 = _____

6 981 − 688 = _____

2장

곱셈

곱셈 1

75 × 75의 곱셈

두 자릿수 곱셈 가운데 '75 × 75'와 같이 일의 자리가 5인 수를 거듭 곱할 때에는 아주 간단하게 해결할 수 있습니다.

예제   정사각형 모양의 목욕탕에 타일을 새로 깔려고 합니다.
세로 75개, 가로 75개가 들어갈 수 있다면, 모두 몇 개의 타일이 필요할까요?

75 × 75 = ?

세로 75개   가로 75개

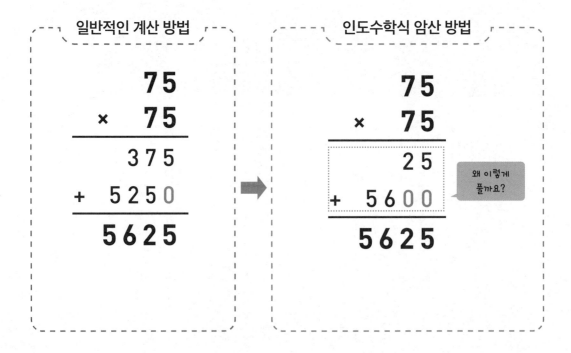

☐ 단계별 암산 원리

1 75를 두 부분으로 나눕니다.

'75 × 75'는 가로가 75, 세로가 75인 정사각형으로 바꾸어 생각할 수 있습니다.

이 정사각형을 오른쪽 그림과 같이 70과 5의 두 부분으로 나눕니다.

이렇게 하면 a, b, c, d의 네 조각으로 나누어집니다.

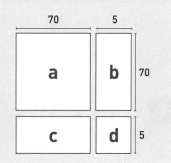

2 사각형 a~d를 한 줄로 나란히 세웁니다.

네 조각으로 나눈 사각형 가운데, 세로가 70인 것끼리 모아 나란히 세워 보세요.

가로가 80(70 + 5 + 5)이고 세로가 70인 직사각형(a + b + c), 가로세로가 5인 정사각형(d)이 만들어집니다.

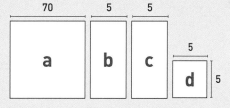

3 두 사각형의 넓이를 더합니다.

문제의 답은 직사각형 abc와 정사각형 d의 넓이를 더한 값과 같습니다.

이렇게 풀어요 🔒

큰 직사각형의 넓이

작은 정사각형의 넓이

$$
\begin{array}{r}
70 \\
\times\ 80 \\
\hline
5600
\end{array}
$$
← (70 + 5 + 5)

$$
\begin{array}{r}
5 \\
\times\ 5 \\
\hline
25
\end{array}
$$

5600 + 25 = 5625 정답

연습문제

앞에서 공부한 내용을 떠올리면서 다음 문제를 풀어 보세요.
이 계산 방법을 익히면, 다음 단계에서도 같은 원리를 응용할 수 있습니다.

1   **15 × 15 =**

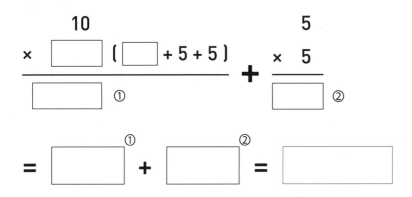

2   **55 × 55 =**

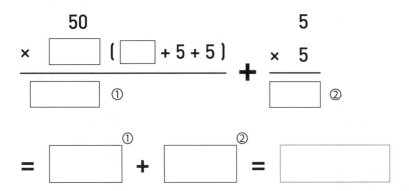

▶ 정답 : 134쪽

3 **25 × 25 =**

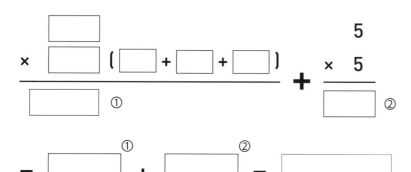

4 **65 × 65 =**

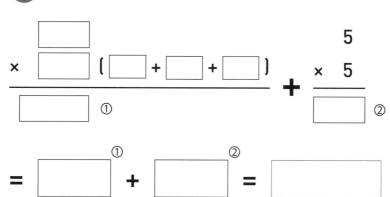

5 **35 × 35 =**

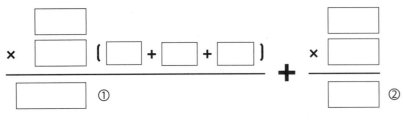

$$\frac{\times \boxed{} \boxed{} (\boxed{} + \boxed{} + \boxed{})}{\boxed{} \quad ①} + \frac{\times \boxed{} \boxed{}}{\boxed{} \quad ②}$$

$$= \boxed{}^{①} + \boxed{}^{②} = \boxed{}$$

6 **95 × 95 =**

$$\frac{\times \boxed{} \boxed{} (\boxed{} + \boxed{} + \boxed{})}{\boxed{} \quad ①} + \frac{\times \boxed{} \boxed{}}{\boxed{} \quad ②}$$

$$= \boxed{}^{①} + \boxed{}^{②} = \boxed{}$$

7 45 × 45 =

$$\frac{\boxed{} \times \boxed{} (\boxed{} + \boxed{} + \boxed{})}{\boxed{}} \ ① \quad + \quad \frac{\boxed{} \times \boxed{}}{\boxed{}} \ ②$$

$$= \boxed{}^{①} + \boxed{}^{②} = \boxed{}$$

8 85 × 85 =

$$\frac{\boxed{} \times \boxed{} (\boxed{} + \boxed{} + \boxed{})}{\boxed{}} \ ① \quad + \quad \frac{\boxed{} \times \boxed{}}{\boxed{}} \ ②$$

$$= \boxed{}^{①} + \boxed{}^{②} = \boxed{}$$

곱셈 2

25를 곱하는 곱셈

25를 곱하는 계산에서는 먼저 100을 곱한 다음 4로 나누어 줍니다.
조금 어려워 보이지만 원리를 알고 나면 매우 간단하게 계산할 수 있습니다.

예제

바이킹 빵집에서 쿠키를 24봉지 만들기로 했습니다.
한 봉지에 쿠키를 25개씩 넣는다면, 모두 몇 개를 구워야 할까요?

$$24 \times 25 = ?$$

24봉지   한 봉지당 쿠키 수

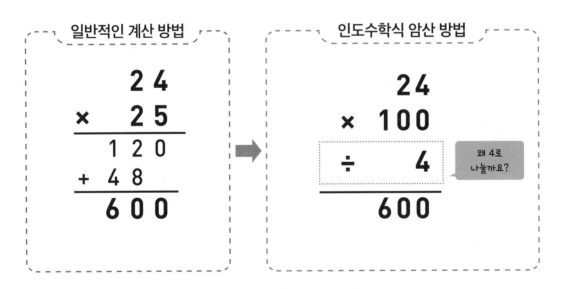

일반적인 계산 방법	인도수학식 암산 방법

왜 4로
나눌까요?

곧바로 25를 곱하기보다는, 25×4=100을 만들어 2400으로 바꾼 다음
4로 나누는 것이 더 간단합니다.

☐ 단계별 암산 원리

1 한 봉지에 25개가 아니라, 25의 4배인 100개씩을 넣는다고 생각해 봅시다.

이렇게 하면, 맨 처음의 쿠키 개수에서 4배가 커집니다.

2 쿠키가 100개씩 들어 있는 쿠키 봉지를 24개 만들어야 하므로, 모두 2400개의 쿠키가 필요합니다.

24 × 100 = 2400개

3 하지만 실제로는 한 봉지에 25개만 넣으면 되므로, 2400을 4로 나눕니다.

2400 ÷ 4 = 600이므로, 필요한 쿠키 개수는 모두 600개가 됩니다.

이렇게 풀어요 🔒

모두 24봉지

```
        2 4
25 × 4 = 100  →  ×  1 0 0
원래대로 되돌려야
하므로 4로 나눕니다   ÷      4
        ──────────
         6 0 0   정답
```

연습문제

'25 × 4 = 100'을 이용하여 다음 문제를 풀어 보세요.
문제를 풀기 전에 25에 곱하는 수가 4로 나누어떨어지는지 확인하세요.

1 **12 × 25 =**

🎲 12의 100배를 4로 나누면 어떻게 될까요?
구구단을 이용하여 쉽게 풀 수 있습니다.

$$
\begin{array}{r}
1\,2 \\
\times \quad \boxed{} \\
\div \quad \boxed{} \\
\hline
\boxed{}
\end{array}
$$

2 **88 × 25 =**

🎲 숫자가 커졌다고 당황하지 말고, 4로 나누어 보세요.

$$
\begin{array}{r}
8\,8 \\
\times \quad \boxed{} \\
\div \quad \boxed{} \\
\hline
\boxed{}
\end{array}
$$

3 **36 × 25 =**

$$
\begin{array}{r}
3\,6 \\
\times \quad \boxed{} \\
\div \quad \boxed{} \\
\hline
\boxed{}
\end{array}
$$

▶ 정답 : 136쪽

4 **66 × 25 =**

🎲 66은 4로 나누어떨어지는 수가 아닙니다.
나중에 4로 다시 나누기 어렵기 때문에,
25의 2배인 50을 곱한 다음, 다시 2로 나누어 줍니다.

$$\begin{array}{r} 66 \\ \times \quad \boxed{} \\ \div \quad \boxed{} \\ \hline \boxed{} \end{array}$$

5 **52 × 25 =**

🎲 52는 '4의 10배인 40'과 '4의 3배인 12'를
더한 수임을 이용하면 쉽게 계산할 수 있습니다.

$$\begin{array}{r} 52 \\ \times \quad \boxed{} \\ \div \quad \boxed{} \\ \hline \boxed{} \end{array}$$

6 **90 × 25 =**

$$\begin{array}{r} 90 \\ \times \quad \boxed{} \\ \div \quad \boxed{} \\ \hline \boxed{} \end{array}$$

곱셈 3

19×19의 곱셈

인도 사람들은 19단, 즉 19×19까지 암산으로 능숙하게 계산합니다.
이때는 십의 자리 수와 일의 자리 수를 따로따로 계산하는 것이 요령입니다.

예제

배구 대회 개회식을 준비하고 있습니다.
한 팀은 감독을 포함하여 19명으로 이루어져 있습니다.
총 19팀이 참가한다면 의자는 모두 몇 개가 필요할까요?

$$19 \times 19 = ?$$

한 팀은 19명　　　총 19팀

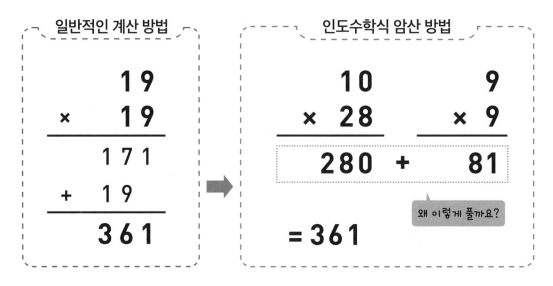

일반적인 계산 방법

```
    19
×   19
─────
   171
+   19
─────
   361
```

인도수학식 암산 방법

```
    10          9
×   28      ×   9
─────      ─────
   280  +     81
```

= 361

왜 이렇게 풀까요?

📖 도형을 이용하여 생각하면 19×19의 계산 원리를 쉽게 이해할 수 있습니다. 다음 쪽에 나온 도형의 모양을 머릿속에 기억해 두세요.

☐ 단계별 암산 원리

1 19를 두 부분으로 나눕니다.
아래 그림처럼 19를 십의 자리 수와 일의 자리 수로 나눕니다.
이렇게 하면 a, b, c, d의 네 조각으로 자를 수 있습니다.

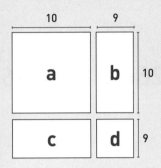

2 세로가 10인 사각형끼리 한데 모읍니다.
이렇게 하면 가로가 28(10 + 9 + 9)이고 세로가 10인 직사각형(a + b + c)
과 가로세로가 각각 9인 정사각형(d)이 만들어집니다. 이 두 사각형의 넓이
를 더하면 답을 구할 수 있습니다.

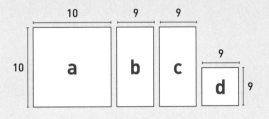

3 두 사각형의 넓이를 더합니다.
'10 × 28 직사각형'과 '9 × 9 정사각형'의 넓이를 더합니다.
19 × 19와 같이 십의 자리 수가 1인 곱셈에서는 이렇게 두 개의 도형으로
나누어 생각하는 방식을 사용합니다.

큰 직사각형의 넓이   작은 직사각형의 넓이

$$
\begin{array}{r}
1\,0 \\
\times\ 2\,8 \\
\hline
2\,8\,0
\end{array}
$$

← (10 + 9 + 9)

$$
\begin{array}{r}
9 \\
\times\ 9 \\
\hline
8\,1
\end{array}
$$

$$280 + 81 = 361$$ 정답

실력 다지기 ■■■■

이와 같은 원리를 이용하면 19 × 19까지 암산으로 계산할 수 있습니다. 구구단보다 훨씬 큰 19단을 자유자재로 사용할 수 있도록 꾸준히 연습해 보세요.

연습문제

▶ 정답 : 136쪽

앞에서 공부한 계산 원리를 떠올리면서 다음 문제를 풀어 보세요.

10에 곱하는 수를 찾는 것이 가장 중요합니다. 주어진 식을 잘 보고 생각해 보세요.

1 **13 × 11 =**

```
       10                        3
×  [      ] ( 10 + 3 + 1 )   ×   1
   ───────────────────       ──────
   [      ] ①                [      ] ②
```

```
         ①              ②
=  [          ]  +  [          ]  =  [              ]
```

⊡ 세로가 13, 가로가 11인 사각형으로 바꾸어서 생각해 보세요.

2 **15 × 18 =**

```
       10                        5
×  [      ] ( 10 + 5 + 8 )   ×   8
   ───────────────────       ──────
   [      ] ①                [      ] ②
```

```
         ①              ②
=  [          ]  +  [          ]  =  [              ]
```

⊡ 사각형의 넓이로 바꾸어서 생각해 보세요.

3　12 × 16 =

$$\begin{array}{r} \boxed{} \\ \times \boxed{} \\ \hline \boxed{} \end{array}$$ (□ + □ + □) ①

$$+ \begin{array}{r} 2 \\ \times \ 6 \\ \hline \boxed{} \end{array}$$ ②

= ㉠ □ + ㉡ □ = □

4　13 × 19 =

$$\begin{array}{r} \boxed{} \\ \times \boxed{} \\ \hline \boxed{} \end{array}$$ (□ + □ + □) ①

$$+ \begin{array}{r} 3 \\ \times \ 9 \\ \hline \boxed{} \end{array}$$ ②

= ㉠ □ + ㉡ □ = □

5 $17 \times 14 =$

$$\frac{\times \boxed{} \quad (\boxed{} + \boxed{} + \boxed{})}{\boxed{}} \text{①} \quad + \quad \frac{\times \boxed{}}{\boxed{}} \text{②}$$

$$= \boxed{}^{①} + \boxed{}^{②} = \boxed{}$$

6 $19 \times 18 =$

$$\frac{\times \boxed{} \quad (\boxed{} + \boxed{} + \boxed{})}{\boxed{}} \text{①} \quad + \quad \frac{\times \boxed{}}{\boxed{}} \text{②}$$

$$= \boxed{}^{①} + \boxed{}^{②} = \boxed{}$$

십의 자리 숫자가 같은 두 자릿수 곱셈

19×19 이상의 두 자릿수 곱셈도 암산으로 가능합니다. '22×24'와 같이 십의 자리 숫자가 같은 두 자릿수 곱셈도 십의 자리와 일의 자리를 나누어서 생각합니다.

예제

바이킹 시에서 축구 대회를 개최할 예정입니다.
후보 선수들을 포함하여 각 팀마다 모두 22명의
선수들이 소속되어 있고, 축구팀은 총 24팀입니다.
대회에 참가한 모든 선수들에 참가상을 준다면, 상을 몇 개나 준비해야 할까요?

$$22 \times 24 = ?$$

각 팀의 선수 수   축구팀의 수

일반적인 계산 방법

$$
\begin{array}{r}
22 \\
\times\ 24 \\
\hline
88 \\
+\ 44 \\
\hline
528
\end{array}
$$

인도수학식 암산 방법

$$
\begin{array}{r}
20 \\
\times\ 26 \\
\hline
\end{array}
\qquad
\begin{array}{r}
2 \\
\times\ 4 \\
\hline
\end{array}
$$

$$520 + 8$$

왜 이렇게 풀까요?

$$= 528$$

🎲 이 계산 방법도 앞에서 소개한 19×19와 똑같은 원리입니다. 다음 쪽에 도형으로 설명한 계산 원리를 살펴보세요

☐ 단계별 암산 원리

1 22×24를 도형으로 그린 다음, 두 부분으로 나눕니다.

가로는 20과 4, 세로는 20과 2의 두 부분으로 나눌 수 있습니다.

이렇게 십의 자리와 일의 자리로 나누면, a, b, c, d의 네 조각이 만들어집니다.

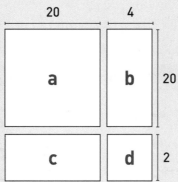

2 세로 길이가 20인 사각형끼리 한데 모읍니다.

네 조각으로 나눈 사각형 가운데 세로의 길이가 20인 것만 한데 모읍니다.

이렇게 하면 가로가 26(20+4+2)이고 세로가 20인 직사각형(a+b+c)과 가로가 4이고 세로가 2인 직사각형(d)이 만들어집니다.

이 두 사각형의 넓이를 더하면, 답을 구할 수 있습니다.

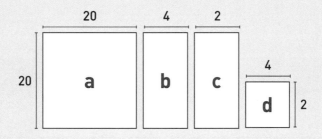

두 사각형의 넓이를 더합니다.

사각형 abc의 넓이는 $20 \times 26 = 520$, 사각형 d의 넓이는 $2 \times 4 = 8$입니다.

이제 두 사각형의 넓이를 더하면, $520 + 8 = 528$이 됩니다.

이처럼 곱셈을 도형으로 바꾸어서 생각하는 인도수학의 암산 방법에 익숙해지면, 22×24 같은 두 자릿수 곱셈도 손쉽게 계산할 수 있습니다.

이렇게 풀어요 🔒

큰 직사각형의 넓이 　　　　　　　　　 작은 직사각형의 넓이

$$
\begin{array}{r}
2\,0 \\
\times\ \ 2\,6 \\
\hline
5\,2\,0
\end{array}
\qquad
\begin{array}{r}
2 \\
\times\ \ 4 \\
\hline
8
\end{array}
$$

$20 \leftarrow (20 + 4 + 2)$

$$520 + 8 = 528$$ **정답**

실력 다지기 ■■■■

친구 28명에게 딱지를 26장씩 나누어 주려고 합니다. 딱지는 모두 몇 장이 필요할까요? 위에서 공부한 방법을 사용하여 암산으로 계산해 보세요.

답 : 728장

연습문제

▶ 정답 : 138쪽

곱셈을 도형의 넓이로 바꾸어 생각하면 암산이 훨씬 빨라집니다.
풀기 어려우면 종이에 도형을 직접 그리면서 차근차근 생각해 보세요.

1   **21 × 28 =**

$$
\begin{array}{cc}
20 & \\
\times \ \boxed{} \ (20+1+8) & \\
\hline
\boxed{} \ ① &
\end{array}
\quad + \quad
\begin{array}{c}
1 \\
\times \ 8 \\
\hline
\boxed{} \ ②
\end{array}
$$

$$
= \boxed{}^{①} + \boxed{}^{②} = \boxed{}
$$

🎲 사각형으로 그린 다음, 십의 자리와 일의 자리를 구분해 보세요.

2   **72 × 76 =**

$$
\begin{array}{cc}
70 & \\
\times \ \boxed{} \ (70+2+6) & \\
\hline
\boxed{} \ ① &
\end{array}
\quad + \quad
\begin{array}{c}
2 \\
\times \ 6 \\
\hline
\boxed{} \ ②
\end{array}
$$

$$
= \boxed{}^{①} + \boxed{}^{②} = \boxed{}
$$

🎲 세로 72, 가로 76인 도형으로 바꾸어 생각해 보세요.

3 45 × 48 =

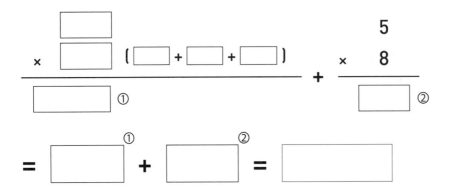

$$= \boxed{}^{①} + \boxed{}^{②} = \boxed{}$$

4 89 × 83 =

$$\begin{array}{c} \boxed{} \\ \times\ \boxed{} \end{array} (\boxed{} + \boxed{} + \boxed{}) \qquad \begin{array}{r} 9 \\ \times\ 3 \\ \hline \end{array}$$

$$\boxed{}^{①} \qquad + \qquad \boxed{}^{②}$$

$$= \boxed{}^{①} + \boxed{}^{②} = \boxed{}$$

5 63 × 69 =

$$\frac{\boxed{} \atop \times \boxed{}}{\boxed{} \ ①} \quad (\boxed{} + \boxed{} + \boxed{}) \quad + \quad \frac{\boxed{} \atop \times \boxed{}}{\boxed{} \ ②}$$

$$= \boxed{}^{①} + \boxed{}^{②} = \boxed{}$$

6 92 × 91 =

$$\frac{\boxed{} \atop \times \boxed{}}{\boxed{} \ ①} \quad (\boxed{} + \boxed{} + \boxed{}) \quad + \quad \frac{\boxed{} \atop \times \boxed{}}{\boxed{} \ ②}$$

$$= \boxed{}^{①} + \boxed{}^{②} = \boxed{}$$

5 DAY

일의 자리의 합이 10이고, 십의 자리의 수가 같은 곱셈

'32×38'과 같은 복잡한 곱셈도 인도수학에서는 계산기 없이 암산으로 구할 수 있습니다.

앞에서 공부한 '75×75'와 원리는 똑같습니다.

예제

선생님이 수업 시간에 학생들에게 참고 자료를 나누어 주려고 합니다. 참고 자료는 A4 용지로 32쪽 분량입니다. 학생이 모두 38명이라면 A4 용지는 모두 몇 장이 필요할까요?

$$32 \times 38 = ?$$

참고 자료의 쪽수　　학생 수

일반적인 계산 방법

$$
\begin{array}{r}
32 \\
\times\ 38 \\
\hline
256 \\
+\ 96 \\
\hline
1216
\end{array}
$$

➡

인도수학식 암산 방법

$$
\begin{array}{r}
30 \\
\times\ 40 \\
\hline
\end{array}
\qquad
\begin{array}{r}
2 \\
\times\ 8 \\
\hline
\end{array}
$$

$$1200 + 16$$

= 1216

왜 이렇게 풀까요?

🎲 곱셈은 모두 도형으로 바꾸어 생각하면 이해하기 쉽습니다. 특히 일의 자리 수의 합이 10이고, 십의 자리가 똑같은 숫자로 이루어진 곱셈의 경우 매우 간단하게 계산할 수 있습니다.

단계별 암산 원리

1 32와 38을 두 부분으로 나눕니다.

아래 그림과 같이 32×38을 사각형으로 바꾸어 그린 다음, 십의 자리와 일의 자리로 구분합니다.

이렇게 하면 사각형 a, b, c, d의 네 조각이 만들어집니다.

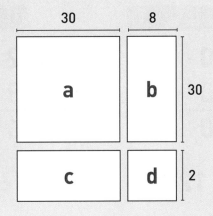

2 세로의 길이가 30인 사각형끼리 한데 모읍니다.

사각형 a, b, c는 한 변의 길이가 모두 30입니다. 이 셋을 나란히 세우면 세로가 30, 가로가 40(30 + 8 + 2)인 직사각형 abc가 만들어집니다.

그리고 8 × 2의 작은 직사각형 d가 남습니다.

이제 큰 직사각형 abc와 작은 직사각형 d의 넓이를 더하면 문제의 답을 구할 수 있습니다.

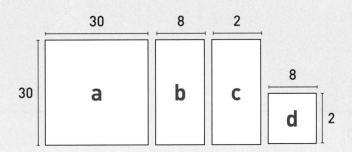

❸ 큰 직사각형과 작은 직사각형의 넓이를 더합니다.

큰 직사각형의 넓이는 $30 \times 40 = 1200$, 작은 직사각형의 넓이는 $8 \times 2 = 16$

이므로, $1200 + 16 = 1216$이 답이 됩니다.

이렇게 풀어요 🔒

큰 직사각형의 넓이

$$
\begin{array}{r}
3\ 0 \\
\times\ 4\ 0 \\
\hline
1\ 2\ 0\ 0
\end{array}
$$

← $(30 + 8 + 2)$

작은 직사각형의 넓이

$$
\begin{array}{r}
2 \\
\times\ 8 \\
\hline
1\ 6
\end{array}
$$

$$1200 + 16 = 1216$$ 정답

실력 다지기 ■■■■

이 계산은 앞에서 공부한 '75×75'와 같은 원리입니다. ① 두 자릿수끼리의 곱셈이며 ② 십의 자리 수가 같고 ③ 일의 자리 수를 더하면 10이 될 경우, 이 방법을 적용하면 됩니다.

연습문제

▶ 정답 : 139쪽

일의 자리를 더하면 10이 되는지 살펴보면서 다음 문제를 풀어 보세요.
처음에는 연필로 직접 풀면서 계산 순서를 정확하게 익히는 것이 좋습니다.
익숙해지면 암산으로도 도전해 보세요.

1 **21 × 29 =**

$$\begin{array}{c} 20 \\ \times \boxed{} \end{array} \ (\boxed{} + 1 + 9) \quad + \quad \begin{array}{c} 1 \\ \times\ 9 \end{array}$$

$$\boxed{} \ ① \qquad\qquad \boxed{} \ ②$$

$$= \ \boxed{}^{①} \ + \ \boxed{}^{②} \ = \ \boxed{}$$

⊡ 십의 자리 숫자가 둘 다 2이고, 일의 자리 숫자의 합이 10입니다.

2 **66 × 64 =**

$$\begin{array}{c} 60 \\ \times \boxed{} \end{array} \ (\boxed{} + 6 + 4) \quad + \quad \begin{array}{c} 6 \\ \times\ 4 \end{array}$$

$$\boxed{} \ ① \qquad\qquad \boxed{} \ ②$$

$$= \ \boxed{}^{①} \ + \ \boxed{}^{②} \ = \ \boxed{}$$

⊡ 도형으로 바꾸어서 생각해 보세요.

3   34 × 36 =

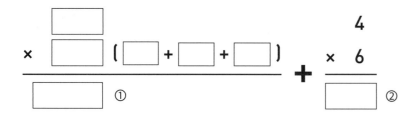

= [____]① + [____]② = [_____]

4   79 × 71 =

```
       [____]
    ×  [____]  ( [__] + [__] + [__] )        9
    _____         ×  1     +
       [____]  ①                          _____
                                          [____]  ②
```

= [____]① + [____]② = [_____]

5 $43 \times 47 =$

$$\frac{\boxed{}}{\boxed{}} \times \boxed{} \left(\boxed{} + \boxed{} + \boxed{} \right) \text{①} \quad + \quad \frac{\boxed{}}{\boxed{}} \times \boxed{} \text{②}$$

$$= \boxed{}^{\text{①}} + \boxed{}^{\text{②}} = \boxed{}$$

6 $98 \times 92 =$

$$\frac{\boxed{}}{\boxed{}} \times \boxed{} \left(\boxed{} + \boxed{} + \boxed{} \right) \text{①} \quad + \quad \frac{\boxed{}}{\boxed{}} \times \boxed{} \text{②}$$

$$= \boxed{}^{\text{①}} + \boxed{}^{\text{②}} = \boxed{}$$

십의 자리의 합이 10이고, 일의 자리의 수가 같은 곱셈

이번 유형도 앞에서 살펴본 '32×38'의 계산 원리와 비슷합니다.
먼저 십의 자리를 계산한 다음, 일의 자리를 계산한 값을 더합니다.

예제

문구점에서 92원짜리 연필을 12개 샀습니다.
모두 얼마를 내야 할까요?

$$92 \times 12 = ?$$

연필 1개의 가격　　　연필의 개수

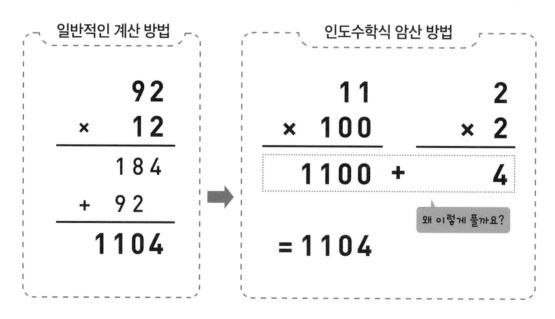

일반적인 계산 방법

```
    92
×   12
─────
   184
+   92
─────
  1104
```

인도수학식 암산 방법

```
    11        2
× 100      × 2
─────     ─────
 1100  +     4
```

왜 이렇게 풀까요?

= 1104

🎲 위와 같은 곱셈에서는 도형으로 바꾸면 더해야 할 도형의 개수가 3개가 됩니다. 하지만 계산 방법에 익숙해지면 어렵지 않게 답을 구할 수 있습니다.

☐ 단계별 암산 원리

1 92와 12를 두 부분으로 나눕니다.

아래와 같이 곱하는 두 수를 사각형으로 바꾸어 그린 다음, 십의 자리와 일의 자리로 나눕니다.

이렇게 하면 a, b, c, d의 네 조각이 만들어집니다.

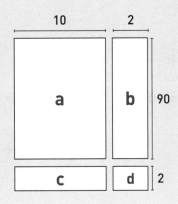

2 계산하기 쉽게 도형을 이동하여 세 조각으로 만듭니다.

a ~ d는 직사각형 a, 직사각형 b + c, 정사각형 d로 구분할 수 있습니다.

직사각형 a는 세로 90 × 가로 10, 직사각형 b + c는 세로 2 × 가로 90 + 10, 정사각형 d는 세로 2 × 가로 2입니다.

a. 90 × 10 = 900   b + c. 2 × (90 + 10) = 200   d. 2 × 2 = 4

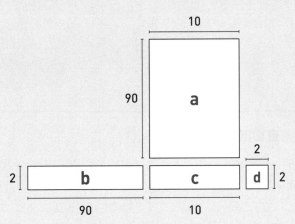

세 사각형의 넓이를 더합니다.

직사각형 a의 넓이는 900, 직사각형 b+c의 넓이는 200입니다.

두 값이 모두 0으로 떨어지기 때문에, 이제 직사각형 d의 넓이만 구하면 셋을 쉽게 암산으로 더할 수 있습니다.

이렇게 풀어요 🔓

a $90 \times 10 = 900$ ‒‒‒‒‒‒‒‒‒‒‒▶ **900** a

b+c $2 \times (90+10) = 200$ ‒‒‒‒‒‒‒▶ **+ 200** b+c

d $2 \times 2 = 4$ ‒‒‒‒‒‒‒‒‒‒‒‒‒▶ **+   4** d

1104 정답

실력 다지기 ■■■■

성냥갑에 성냥개비가 93개 들어 있습니다. 이와 똑같은 성냥갑이 13개 있다면, 성냥개비의 개수는 모두 몇 개일까요?

答: 1209개

연습문제

▶ 정답 : 141쪽

곱셈을 도형으로 바꾸어 생각하는 원리를 이용하여 다음 문제를 풀어 보세요.

1 **63 × 43 =**

([　　　] × [　　　] = [　　　　　]) ①

3 × ([　　　] + [　　　]) = [　　　] ②

3 × 3 = [　　　] ③

🎲 일의 자리 수가 한 자리입니다. 자릿수에 주의하여 계산하세요.

[　　　　　] ①

+ [　　　　　] ②

+ [　　　　　] ③

[　　　　　]

2 **66 × 46 =**

([　　　] × [　　　] = [　　　　　]) ①

6 × ([　　　] + [　　　]) = [　　　] ②

6 × 6 = [　　　] ③

🎲 이 문제는 암산으로도 충분히 풀 수 있습니다. 원리를 이해했다면 처음부터 암산으로 도전해 보세요.

[　　　　　] ①

+ [　　　　　] ②

+ [　　　　　] ③

[　　　　　]

3 **21 × 81 =**

([_____] × [_____] = [_____]) ①

[_____] × ([_____] + [_____]) = [_____] ②

[_____] × [_____] = [_____] ③

    [_____] ①

+ [_____] ②

+ [_____] ③

─────────────────

[_____]

4 **79 × 39 =**

([_____] × [_____] = [_____]) ①

[_____] × ([_____] + [_____]) = [_____] ②

[_____] × [_____] = [_____] ③

    [_____] ①

+ [_____] ②

+ [_____] ③

─────────────────

[_____]

66

5 **34 × 74 =**

([____] × [____] = [_____]) ①

[____] × ([____] + [____]) = [____] ②

[____] × [____] = [____] ③

[_____] ①

+ [_____] ②

+ [_____] ③

―――――――――――――

[_____]

6 **18 × 98 =**

([____] × [____] = [_____]) ①

[____] × ([____] + [____]) = [____] ②

[____] × [____] = [____] ③

[_____] ①

+ [_____] ②

+ [_____] ③

―――――――――――――

[_____]

100에 가까운 두 자릿수의 곱셈

인도수학에서는 '98 × 97'과 같은 곱셈은 어떻게 계산할까요?

98과 97을 잘 살펴보세요. 98은 100에서 2가 모자라고, 97은 100에서 3이 모자란 수입니다. 바로 이와 같은 원리를 이용하여 암산으로 쉽게 풀 수 있습니다.

예제

초콜릿 상자가 98개 있습니다.

이 상자 안에는 아주 맛있는 초콜릿이 97개씩 들어 있습니다.

각 상자에 있는 초콜릿을 한곳에 모으면 모두 몇 개가 될까요?

$$98 \times 97 = ?$$

초콜릿 상자의 수　　한 상자당 초콜릿 개수

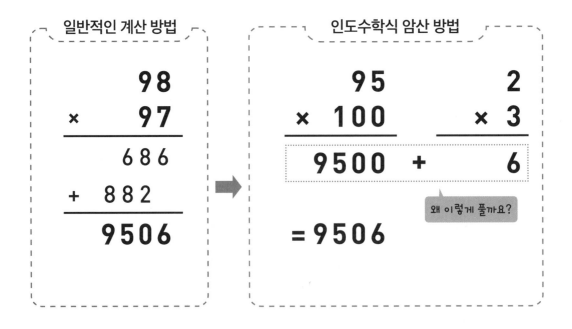

일반적인 계산 방법	인도수학식 암산 방법
98 × 97 ――― 686 + 882 ――― 9506	95　　　　2 × 100　　× 3 ―――――― 9500 + 6 = 9506

왜 이렇게 풀까요?

☐ 단계별 암산 원리

1 곱셈의 수식을 도형으로 바꾸어 봅니다.

'98×97'을 도형으로 바꾸면 아래와 같이 가로가 98이고 세로가 97인 직사각형이 만들어집니다.

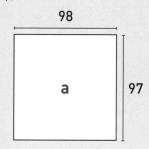

2 100×100 정사각형 안에 98×97 직사각형을 집어넣습니다.

98×97 직사각형을 집어넣은 뒤 가장자리를 따라 자르면 아래 그림과 같이 네 조각으로 나누어집니다.

우리가 구해야 할 값은 직사각형 a의 넓이입니다.

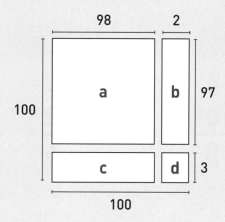

3 100×100 정사각형에서 b, c, d를 빼면 a의 넓이를 구할 수 있습니다.

이를 수식으로 표현하면 'a = 100×100 − (b + c + d)'가 됩니다.

4 b, c, d를 계산하기 쉽게 정리합니다.

사각형 b, c, d는 가로세로의 길이가 각각 다르지만 100을 기준으로 하여 계산하기 쉽게 정리할 수 있습니다. 아래 그림을 보면, d를 한 번 더 이용해 100으로 떨어지게 만들었음을 알 수 있습니다.

a의 넓이를 구하는 과정을 수식으로 표현하면 아래와 같습니다.

$$a = 100 \times 100 - \{(b + d) + (c + d)\} + d$$
$$97 \times 98 = 100 \times 100 - \{(100 \times 2) + (100 \times 3)\} + (2 \times 3)$$
$$= 100 \times \{100 - (2 + 3)\} + (2 \times 3)$$

이렇게 풀어요 🔒

$$
\begin{array}{r}
9\,5 \\
\times \quad 1\,0\,0 \\
\hline
9\,5\,0\,0
\end{array}
$$
← 100 - (2 + 3)

$$
\begin{array}{r}
2 \\
\times \quad 3 \\
\hline
6
\end{array}
$$

= 9506

정답

실력 다지기 ■■■■

수식으로 표현하면 매우 복잡해 보이지만 기본 원리는 간단합니다. 정답이 어떻게 나왔는지 도형으로 직접 그려 보면 계산 순서를 자연스럽게 기억할 수 있습니다.

연습문제

▶ 정답 : 142쪽

앞에서 공부한 방법을 이용해 다음 문제를 풀어 보세요.

처음에는 연필로 풀면서 계산 순서를 익히고, 익숙해지면 암산으로도 도전해 보세요.

1 **96 × 99 =**

$$\begin{array}{c} \boxed{} \quad \{100 - (\boxed{} + \boxed{})\} \\ \times \quad 100 \\ \hline \boxed{} \quad ① \end{array}$$

$$\begin{array}{c} 4 \\ \times \quad 1 \\ \hline \boxed{} \quad ② \end{array}$$

= $\boxed{}$ ① + $\boxed{}$ ②

= $\boxed{}$

🎲 96과 99가 100이 되려면 얼마가 더 있어야 할까요?

2 **94 × 97 =**

$$\begin{array}{c} \boxed{} \quad \{100 - (\boxed{} + \boxed{})\} \\ \times \quad 100 \\ \hline \boxed{} \quad ① \end{array}$$

$$\begin{array}{c} 6 \\ \times \quad 3 \\ \hline \boxed{} \quad ② \end{array}$$

= $\boxed{}$ ① + $\boxed{}$ ②

= $\boxed{}$

🎲 94와 97은 100에서 각각 얼마가 부족할까요?

71

3 **95 × 98 =**

$$\boxed{} \{\boxed{} - (\boxed{} + \boxed{})\}$$
$$\times \boxed{} \qquad\qquad\qquad\qquad\qquad 5$$
$$\overline{\boxed{} \ \text{①}} \qquad\qquad\qquad + \quad \begin{array}{r} \times\ 2 \\ \hline \boxed{}\ \text{②} \end{array}$$

$$= \boxed{}^{\text{①}} + \boxed{}^{\text{②}}$$

$$= \boxed{}$$

4 **92 × 97 =**

$$\boxed{} \{\boxed{} - (\boxed{} + \boxed{})\}$$
$$\times \boxed{} \qquad\qquad\qquad\qquad\qquad 8$$
$$\overline{\boxed{} \ \text{①}} \qquad\qquad\qquad + \quad \begin{array}{r} \times\ 3 \\ \hline \boxed{}\ \text{②} \end{array}$$

$$= \boxed{}^{\text{①}} + \boxed{}^{\text{②}}$$

$$= \boxed{}$$

5 $93 \times 96 =$

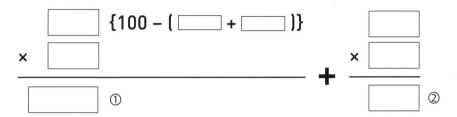

□
×□ {100 − (□ + □)}
‾‾‾‾‾‾‾‾
□ ①

+ □
  ×□
  ‾‾‾‾
  □ ②

= □ ① + □ ②

= □

6 $94 \times 99 =$

□
×□ {100 − (□ + □)}
‾‾‾‾‾‾‾‾
□ ①

+ □
  ×□
  ‾‾‾‾
  □ ②

= □ ① + □ ②

= □

곡셈 8

세 자릿수의 곱셈

세 자릿수 곱셈은 계산해야 할 숫자가 많아 매우 복잡해 보입니다.
하지만 계산 원리는 두 자릿수 곱셈과 똑같습니다.

예제   대형 마트에서 오이 하나를 498원에 할인 판매를 한다고 합니다.
268개를 주문한다면 내야 할 돈은 모두 얼마일까요?

$$498 \times 268 = ?$$

오이 1개의 가격   268개

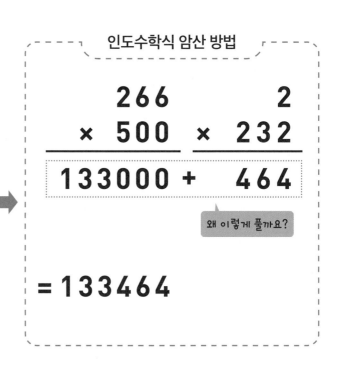

일반적인 계산 방법

```
      498
  ×   268
  ─────────
     3984
  + 29880
  + 99600
  ─────────
   133464
```

인도수학식 암산 방법

```
    266          2
  × 500    × 232
  ─────────────────
  133000  +  464
```

왜 이렇게 풀까요?

= 133464

☐ 단계별 암산 원리

1 498 × 268을 직사각형으로 그립니다.
이 직사각형의 넓이가 문제의 답이 됩니다.

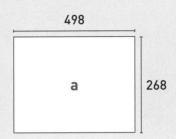

2 500 × 500 정사각형과 비교해 봅니다.
아래 그림과 같이 가로세로가 500인 정사각형을 만듭니다.
직사각형 a, 즉 498 × 268은 이 정사각형 안에 들어갈 수 있습니다.
a 이외의 나머지 부분은 직사각형 b, c, d로 나눌 수 있습니다.

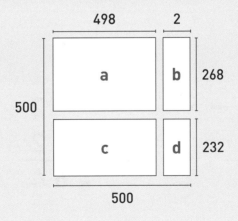

3 500 × 500 정사각형에서 b, c, d를 빼면 a의 넓이가 나옵니다.
수식으로 표현하면, 'a = 500 × 500 − (b + c + d)'가 됩니다.

④ b, c, d를 계산하기 쉽게 정리합니다.

직사각형 b, c, d는 가로세로의 길이가 각각 다르지만, 500을 기준으로 하여 계산하기 쉽게 정리할 수 있습니다. 아래 그림을 보면, d를 한 번 더 이용해 500으로 떨어지게 만들었음을 알 수 있습니다.

a의 넓이를 구하는 과정을 수식으로 표현하면 아래와 같습니다.

$a = 500 \times 500 - \{(b + d) + (c + d)\} + d$

$498 \times 268 = 500 \times 500 - \{(2 \times 500) + (232 \times 500)\} + (2 \times 232)$

$\qquad\qquad = 500 \times \{500 - (2 + 232)\} + (2 \times 232)$

이렇게 풀어요 🔒

$$\begin{array}{r} 266 \\ \times\ 500 \\ \hline 133000 \end{array}$$ ← 500 − (2 + 232)

$+$

$$\begin{array}{r} 2 \\ \times\ 232 \\ \hline 464 \end{array}$$ = 133464

정답

연습문제

▶ 정답 : 144쪽

세 자릿수 곱셈을 할 때는 자릿수가 틀리지 않도록 하는 것이 중요합니다.
연필로 풀면서 계산 과정을 익힌 후, 암산으로도 도전해 보세요.

1 ## 298 × 172 =

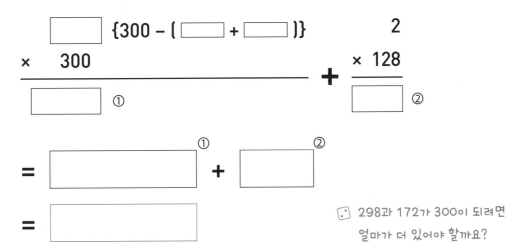

☺ 298과 172가 300이 되려면
얼마가 더 있어야 할까요?

2 ## 598 × 421 =

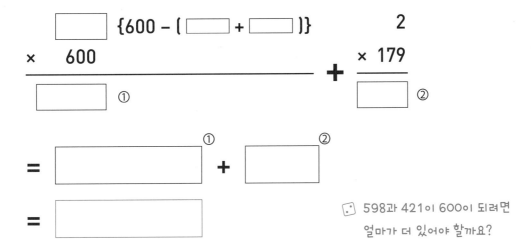

☺ 598과 421이 600이 되려면
얼마가 더 있어야 할까요?

3 278 × 230 =

$$\frac{\boxed{} \{ \boxed{} - (\boxed{} + \boxed{})\}}{\boxed{} \text{ ①}} \times \frac{}{} \quad + \quad \frac{\boxed{}}{\boxed{} \text{ ②}} \times$$

$$= \boxed{}^{①} + \boxed{}^{②}$$

$$= \boxed{}$$

4 891 × 769 =

$$\frac{\boxed{} \{ \boxed{} - (\boxed{} + \boxed{})\}}{\boxed{} \text{ ①}} \times \frac{}{} \quad + \quad \frac{\boxed{}}{\boxed{} \text{ ②}} \times$$

$$= \boxed{}^{①} + \boxed{}^{②}$$

$$= \boxed{}$$

5 397 × 698 =

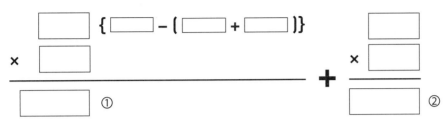

$$\boxed{} \{ \boxed{} - (\boxed{} + \boxed{}) \} \qquad \boxed{}$$
$$\times \boxed{} \qquad\qquad\qquad\qquad\qquad + \quad \times \boxed{}$$
$$\overline{} \qquad\qquad \overline{}$$
$$\boxed{} \text{①} \qquad\qquad\qquad\qquad \boxed{} \text{②}$$

$$= \boxed{}^{①} + \boxed{}^{②}$$

$$= \boxed{}$$

6 794 × 890 =

$$\boxed{} \{ \boxed{} - (\boxed{} + \boxed{}) \} \qquad \boxed{}$$
$$\times \boxed{} \qquad\qquad\qquad\qquad\qquad + \quad \times \boxed{}$$
$$\overline{} \qquad\qquad \overline{}$$
$$\boxed{} \text{①} \qquad\qquad\qquad\qquad \boxed{} \text{②}$$

$$= \boxed{}^{①} + \boxed{}^{②}$$

$$= \boxed{}$$

▶ 정답 : 146쪽

인도수학의 암산 방법을 사용해 다음 문제를 풀어 보세요.

1   **32 × 25 = _____**

2   **14 × 18 = _____**

3   **38 × 34 = _____**

4   **82 × 88 = _____**

5   **24 × 84 = _____**

6   **96 × 97 = _____**

3장

곱셈 2
크로스 계산법

7 DAY

두 자릿수 크로스 계산

X자 모양으로 곱하는 크로스 계산은 인도수학만의 독특한 계산 방법입니다.

다소 낯설 수도 있지만, 실제로 사용해 보면 매우 신기하고 편리합니다.

원리를 이해한 다음에는 계산 방법을 그대로 외워 두는 것도 암산 속도를 향상하는 데 도움이 됩니다.

예제

야구부 친구들 43명에게 84원짜리 껌을 나누어 주려고 합니다.

돈이 4000원 있다면, 이 돈으로 필요한 개수만큼 살 수 있을까요?

$$84 \times 43 = ?$$

껌의 가격   친구들의 수

일반적인 계산 방법

```
    84
  × 43
 -----
   252
+ 3360
 -----
  3612
```

➡

인도수학식 암산 방법

```
    84
  × 43
 -----
  3212
+ 240
+ 160
 -----
  3612
```

왜 이렇게 풀까요?

☐ 단계별 암산 원리

1 자릿수가 같은 수들끼리 위아래로 곱합니다.

84의 일의 자리 숫자인 4와 43의 일의 자리 숫자인 3을 곱하여, 12라고 적습니다.

84의 십의 자리 숫자인 8과 43의 십의 자리 숫자인 4를 곱하여, 천의 자리부터 32라고 적습니다.

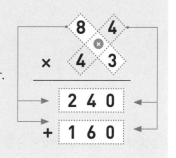

2 대각선에 있는 수끼리 곱합니다.

대각선으로 크로스 곱셈을 한 값을 적을 때에는 자릿수에 주의해야 합니다.

이때는 끝에 0이 붙어 있다고 생각하면 쉽습니다.

왜냐하면 43에서 4는 40, 84에서 8은 80이라는 뜻이기 때문입니다.

3 1, 2번에서 구한 세 가지 값을 모두 더합니다.

이때는 받아올림이 나오기 때문에 주의해서 더해야 합니다.

계산 방법에 익숙해지면 1, 2번의 곱셈은 암산으로도 할 수 있습니다.

그러면 마지막 덧셈 과정만 연필로 계산하면 됩니다.

이렇게 풀어요 🔒

```
  3 2 1 2      ← ① 자릿수가 같은 수들끼리 곱한 값
+     2 4 0
+     1 6 0    ← ② 대각선으로 곱한 값
─────────────
정답  3 6 1 2   ← ③ ① + ②
```

연습문제

크로스 계산 방법을 사용하여 다음 문제를 풀어 보세요.
대각선으로 곱한 값을 적을 때 자릿수가 틀리지 않도록 주의하세요.

1 32 × 15 =

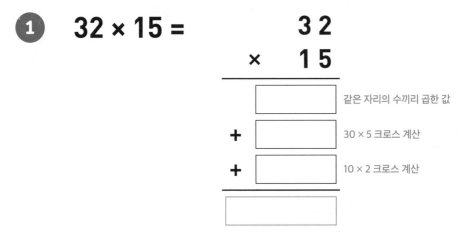

```
        3 2
   ×    1 5
   _____
   [        ]    같은 자리의 수끼리 곱한 값
 + [        ]    30 × 5 크로스 계산
 + [        ]    10 × 2 크로스 계산
   _____
   [        ]
```

⊡ 1이 들어 있으면 계산이 수월해집니다. 차근차근 풀어 보세요.

2 19 × 37 =

```
        1 9
   ×    3 7
   _____
   [        ]    같은 자리의 수끼리 곱한 값
 + [        ]    10 × 7 크로스 계산
 + [        ]    30 × 9 크로스 계산
   _____
   [        ]
```

⊡ 마지막 덧셈 과정에서 받아올림에 주의하세요.

▶ 정답 : 147쪽

3 28 × 34 =

$$
\begin{array}{r}
2\,8 \\
\times\ 3\,4 \\
\hline
\end{array}
$$

	같은 자리의 수끼리 곱한 값
+	20 × 4 크로스 계산
+	30 × 8 크로스 계산

⚀ 마지막에 받아올림을 할 때 실수하지 않도록 주의하세요.

4 26 × 41 =

$$
\begin{array}{r}
2\,6 \\
\times\ 4\,1 \\
\hline
\end{array}
$$

	같은 자리의 수끼리 곱한 값
+	20 × 1 크로스 계산
+	40 × 6 크로스 계산

⚀ 6×1처럼 같은 자리 수끼리 곱한 값이 한 자리로 나올 경우에는 앞에 0을 붙여 줍니다.

5 34 × 29 =

$$
\begin{array}{r}
3\,4 \\
\times \quad 2\,9 \\
\hline
\boxed{} \\
+ \;\boxed{} \\
+ \;\boxed{} \\
\hline
\boxed{} \\
\end{array}
$$

6 33 × 47 =

$$
\begin{array}{r}
3\,3 \\
\times \quad 4\,7 \\
\hline
\boxed{} \\
+ \;\boxed{} \\
+ \;\boxed{} \\
\hline
\boxed{} \\
\end{array}
$$

7 $51 \times 27 =$

$$
\begin{array}{r}
51 \\
\times \quad 27 \\
\hline
\boxed{} \\
+ \boxed{} \\
+ \boxed{} \\
\hline
\boxed{}
\end{array}
$$

8 $49 \times 82 =$

$$
\begin{array}{r}
49 \\
\times \quad 82 \\
\hline
\boxed{} \\
+ \boxed{} \\
+ \boxed{} \\
\hline
\boxed{}
\end{array}
$$

7 DAY

세 자릿수 크로스 계산

이번에는 세 자릿수 크로스 계산을 공부해 봅시다. 처음에는 암산으로 계산하는 것이 어렵겠지만, 익숙해지면 일상생활에서도 활용할 수 있는 신기한 계산 방법입니다. 계산하기 쉽도록 자릿수를 어떻게 나누었는지 잘 살펴보세요.

예제

선생님이 학생들에게 나누어 주려고
128원짜리 스티커를 122개 샀습니다.
선생님이 내야 할 돈은 모두 얼마일까요?

$$128 \times 122 = ?$$

스티커 1개의 가격   구입한 개수

일반적인 계산 방법

```
    128
 ×  122
───────
    256
+  2560
+ 12800
───────
  15616
```

인도수학식 암산 방법

```
    128
 ×  122
───────
  14416
+   240
+   960
───────
  15616
```

왜 이렇게
풀까요?

☐ 단계별 암산 원리

① 먼저 각각의 수를 두 부분으로 나눕니다.

세 자릿수 곱셈을 그대로 계산하는 것은 조금 어려우므로 간단히 계산할
수 있도록 처음 두 자리와 마지막 한 자리로 나누어서 생각합니다.

$$128 \rightarrow \boxed{12}\ \boxed{8}$$
$$122 \rightarrow \boxed{12}\ \boxed{2}$$

② 같은 자릿수끼리 곱합니다.

두 자릿수의 곱셈과 마찬가지 원리입니다. 1번에서 나눈 두 부분 중 같은
부분끼리 위아래로 곱하여, 나온 값을 차례로 씁니다.

12×12는 앞에서 공부한 십의 자리가 1인 계산 방법을 사용하면 편리합
니다.

8×2는 암산으로 쉽게 계산할 수 있습니다.

$$
\begin{array}{c}
12 \\
\times\ 12 \\
\hline
144
\end{array}
\quad + \quad
\begin{array}{c}
8 \\
\times\ 2 \\
\hline
16
\end{array}
\quad = \quad 14416
$$

③ 대각선에 있는 수끼리 곱합니다.

대각선으로 마주보고 있는 수들, 즉 12×2와 12×8을 계산합니다.

곱한 값을 쓸 때에는 자릿수에 주의합니다.

대각선으로 곱한 값을 따로따로 쓰지 않고, 암산으로 한꺼번에 구해도 됩
니다.

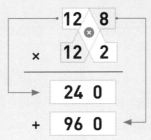

89

4 2, 3번에서 구한 세 가지 값을 더합니다.

수가 조금 크지만 받아올림에 주의하면서 차근차근 계산해 봅시다.

세 자릿수 곱셈도 마지막에는 덧셈으로 마무리합니다.

이렇게 풀어요 🔒

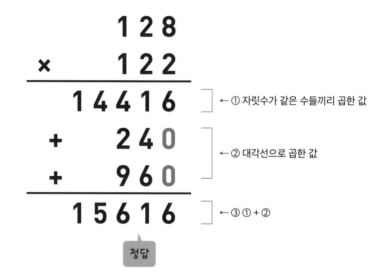

```
        1 2 8
   ×    1 2 2
   ────────────
      1 4 4 1 6    ← ① 자릿수가 같은 수들끼리 곱한 값
   +      2 4 0
                   ← ② 대각선으로 곱한 값
   +      9 6 0
   ────────────
      1 5 6 1 6    ← ③ ① + ②
```

정답

실력 다지기 ■■■■

크로스 계산법은 한 자리씩 나누어서 곱하는 방식을 변형한 것입니다.

공식으로 외우기보다는 ① 같은 자릿수끼리 위아래로 곱한 다음 ② 대각선으로 곱한다는 것을 시각적으로 기억해 두는 것이 좋습니다.

연습문제

▶ 정답 : 148쪽

세 자릿수 곱셈은 맨 처음에 두 부분으로 나눌 때 실수하지 않는 것이 중요합니다.
앞에서 공부한 내용을 떠올리면서 다음 문제를 풀어 보세요.

1 134 × 123 =

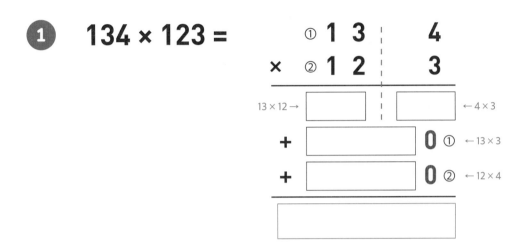

2 509 × 221 =

3 124 × 106 =

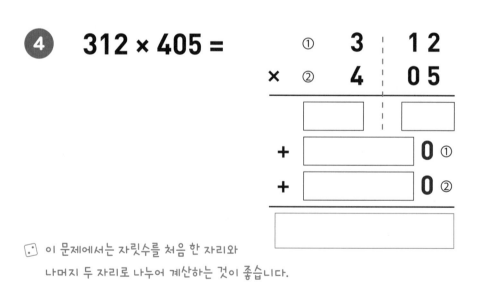

4 312 × 405 =

	①	3	1 2
×	②	4	0 5

📖 이 문제에서는 자릿수를 처음 한 자리와
나머지 두 자리로 나누어 계산하는 것이 좋습니다.

5 121 × 128 =

① □ ┊ □
× ② □ ┊ □
─────────────
□ ┊ □
+ □ **0** ①
+ □ **0** ②
─────────────
□

6 736 × 302 =

① □ ┊ □
× ② □ ┊ □
─────────────
□ ┊ □
+ □ **0** ①
+ □ **0** ②
─────────────
□

8 DAY

크로스 계산과 19×19의 곱셈

19×19와 같이 '일의 자리가 1인 두 자릿수 곱셈'을 응용한 크로스 계산 방법입니다. 세 자릿수의 복잡한 곱셈이므로, 암산으로 전부 해결하기 어려운 부분도 있습니다. 이때는 인도수학식 암산 방법과 일반적인 계산 방법을 함께 사용하여 푸는 것도 한 방법입니다.

예제

감귤 농장에서 상자에 감귤을 담으려고 합니다.
한 상자에 182개씩 넣어서 총 175상자를 만들려면,
감귤은 모두 몇 개가 있어야 할까요?

$$182 \times 175 = ?$$

한 상자당 감귤 수   총 175상자

일반적인 계산 방법

```
        182
    ×   175
    ─────────
        910
  +   12740
  +   18200
  ─────────
      31850
```

인도수학식 암산 방법

이 선은 왜 있을까요?

```
      18 | 2
  ×   17 | 5
  ──────────
    3061   0
  +   90   0
  +   34   0
  ──────────
    3185   0
```

왜 이렇게 계산할까요?

단계별 암산 원리

1 세 자릿수 곱셈을 두 부분으로 나눕니다.

세 자릿수 곱셈도 크로스 계산 방법을 이용하면 두 자릿수 곱셈과 같은 방법으로 계산할 수 있습니다.

182와 175를 오른쪽과 같이 처음 두 자리와 마지막 한 자리로 나누어 봅시다. 18과 17을 각각 하나의 숫자라고 생각하면 이해하기 쉽습니다.

```
  18      2
× 17      5
_____
```

간격을 띄어 둡니다.

2 두 자릿수 크로스 계산 방법을 적용합니다.

7일째에서 공부한 크로스 계산 방법을 떠올려 보세요.(82쪽 참고)

먼저 같은 자릿수끼리 위아래로 곱한 다음, 대각선 모양으로 두 수를 곱합니다.

같은 자릿수끼리의 계산은 18×17과 2×5입니다.

다음에는 대각선 모양으로 크로스 곱셈을 합니다.

• 18 × 5 ⋯ ① • 17 × 2 ⋯ ②

3 18×17은 '19×19'의 계산 방법을 사용합니다.

18×17은 앞서 4일째에서 공부한 19×19의 계산과 마찬가지입니다.(44쪽 참고)

18×17의 답은 306이 됩니다. ⋯ ③

```
            18      2
          × 17      5
          _____
          306 ③    10
        +   9       00 ①
        +   3       40 ②
          _____
          318       50
```

☺ 대각선으로 계산한 값을 적을 때에는 끝자리를 반드시 백의 자리에 맞추어야 합니다.

4 자릿수에 주의하여 답을 구합니다.

최종적으로 답을 구할 때에는 자릿수에 특히 주의해야 합니다.

③의 306의 경우, 18×17은 실제로는 180×170입니다.

즉 306이라고 적긴 했지만, 실제로는 30600을 의미합니다.

①, ②도 마찬가지입니다.

18×5는 실제로는 180×5를, 17×2는 170×2를 의미합니다.

또한 앞에서 자릿수를 나누고 그 사이의 간격을 띄워 둔 것은 일의 자리의 계산(2×5)에서 두 자리 수가 나오기 때문입니다.

만약 한 자리 값이 나올 때에는 앞에 0을 붙여 주어야 합니다.

이렇게 풀어요 🔒

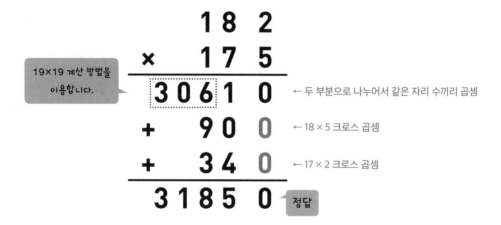

19×19 계산 방법을 이용합니다.

```
        1 8   2
    ×   1 7   5
    ┌─────┐
    │3 0 6│1   0   ← 두 부분으로 나누어서 같은 자리 수끼리 곱셈
    └─────┘
    +     9 0   0   ← 18 × 5 크로스 곱셈
    +     3 4   0   ← 17 × 2 크로스 곱셈
      3 1 8 5   0   정답
```

연습문제

▶ 정답 : 149쪽

자릿수 맞추기에 주의하면서 다음 문제를 풀어 보세요.

조금 복잡한 계산이지만, 암산으로 할 수 있는 부분은 되도록 암산으로 풀어 보세요.

1 143 × 192 =

```
        ① 1 4  │  3
    ×   ② 1 9  │  2
    ─────────────────
14×19 → ☐      │ ☐      ← 3×2
    +   ☐      │ ☐ 0    ← 14×2
    +   ☐      │ ☐ 0    ← 19×3
    ─────────────────
        ☐
```

2 174 × 189 =

```
        ① 1 7  │  4
    ×   ② 1 8  │  9
    ─────────────────
17×18 → ☐      │ ☐      ← 4×9
    +   ☐      │ ☐ 0    ← 17×9
    +   ☐      │ ☐ 0    ← 18×4
    ─────────────────
        ☐
```

3 $113 \times 156 =$

$$
\begin{array}{r}
\boxed{}\ \vdots\ \boxed{} \\
\times\ \boxed{}\ \vdots\ \boxed{} \\
\hline
\boxed{}\ \ \boxed{} \\
+\ \boxed{}\ \ \boxed{}\,0 \\
+\ \boxed{}\ \ \boxed{}\,0 \\
\hline
\boxed{}
\end{array}
$$

4 $188 \times 192 =$

$$
\begin{array}{r}
\boxed{}\ \vdots\ \boxed{} \\
\times\ \boxed{}\ \vdots\ \boxed{} \\
\hline
\boxed{}\ \ \boxed{} \\
+\ \boxed{}\ \ \boxed{}\,0 \\
+\ \boxed{}\ \ \boxed{}\,0 \\
\hline
\boxed{}
\end{array}
$$

5 121 × 189 =

$$\begin{array}{r} \boxed{}\ \vdots\ \boxed{} \\ \times\ \boxed{}\ \vdots\ \boxed{} \\ \hline \boxed{}\ \ \boxed{} \\ +\ \boxed{}\ \ \boxed{}\,0 \\ +\ \boxed{}\ \ \boxed{}\,0 \\ \hline \boxed{} \end{array}$$

6 132 × 146 =

$$\begin{array}{r} \boxed{}\ \vdots\ \boxed{} \\ \times\ \boxed{}\ \vdots\ \boxed{} \\ \hline \boxed{}\ \ \boxed{} \\ +\ \boxed{}\ \ \boxed{}\,0 \\ +\ \boxed{}\ \ \boxed{}\,0 \\ \hline \boxed{} \end{array}$$

8 DAY

크로스 계산과
십의 자리 수가 같은 곱셈

26 × 24와 같이 '십의 자리 수가 같은 곱셈'을 크로스 계산에 응용해 봅시다.
지금까지 소개한 내용을 충분히 연습했다면 어렵지 않게 풀 수 있습니다.

예제

구슬을 꿰어 예쁜 꽃을 만들려고 합니다.
꽃 하나를 만드는 데 262개의 구슬이 필요합니다.
꽃을 모두 244개 만들 예정이라면, 구슬이 몇 개 있어야 할까요?

$$262 \times 244 = ?$$

꽃 하나에 드는 구슬 수   꽃의 개수

일반적인 계산 방법

```
      262
  ×   244
  ───────
     1048
+  10480
+  52400
  ───────
    63928
```

인도수학식 암산 방법

이 선은 왜
있을까요?

```
    26 │ 2
  ×  24 │ 4
  ─────────
    6240   8
+    104   0
+     48   0
  ─────────
    6392   8
```

왜 이렇게
계산할까요?

☐ 단계별 암산 원리

1 세 자릿수 곱셈을 두 부분으로 나눕니다.

　세 자릿수 곱셈도 크로스 계산을 이용하면 두 자릿수 곱셈과 똑같이 계산할 수 있습니다.

　262와 244를 오른쪽과 같이 처음 두 자리와 마지막 한 자리로 나눕니다.

　26과 24를 각각 하나의 숫자라고 생각하면 됩니다.

```
        26      2
    ×   24      4
    _____
```
간격을 띄어 둡니다.

2 두 자릿수 크로스 계산 방법을 적용합니다.

　먼저 자릿수가 같은 수끼리 위아래로 계산한 다음, 대각선 방향으로 서로 곱해 줍니다.

　위아래로 곱하는 부분은 26×24와 2×4입니다.

　다음에는 대각선으로 크로스 곱셈을 해 줍니다.

```
    ×   26    2
        24    4
    _____
```

• $26 \times 4 \cdots$ ①　　　• $24 \times 2 \cdots$ ②

3 십의 자리가 같은 수의 곱셈 방법을 사용합니다.

　'26×24'의 계산 방법은 4일째에서 이미 공부한 내용입니다.(50쪽 참고)

　두 자릿수 곱셈에서는 수식을 도형으로 바꾼 다음, 십의 자리와 일의 자리로 나누어서 생각합니다.

　이 방법을 사용하면, 26×24는 '세로 $20 \times$ 가로 $20 + 6 + 4 = 30$'인 직사각형과 '세로 $6 \times$ 가로 4'인 직사각형으로 바꿀 수 있습니다.

　이를 수식으로 나타내면 다음과 같습니다.

```
        20              6
     ×  30           ×  4
    _____       _____
       600     +      24     =  624 ··· ③
```

4 자릿수에 주의하여 답을 구합니다.

26 × 24는 ③에서 구한 대로, 624입니다.

하지만 26 × 24는 실제로는 260 × 240이므로, 원래의 값은 62400입니다.

여기에 2 × 4 = 8을 더하면, 같은 자릿수끼리 곱하는 첫 번째 부분의 값은 62408이 됩니다.

크로스 계산으로 구하는 ①, ②도 마찬가지입니다.

26 × 4는 실제로 260 × 4를, 24 × 2는 240 × 2를 의미합니다.

이렇게 풀어요 🔒

```
        26      2
    ×   24      4
```

26×24(십의 자리가 같은 수의 곱셈)

```
       624     08    ← 두 부분으로 나누어서 같은 자리 수끼리 곱셈
    +   10     40    ← 26 × 4 크로스 곱셈
    +    4     80    ← 24 × 2 크로스 곱셈
       639     28
```
정답

연습문제

▶ 정답 : 150쪽

크로스 계산 방법을 이용하여 다음 문제를 풀어 보세요.
마지막 덧셈 과정에서 자릿수가 틀리지 않도록 주의하세요.

1 $243 \times 292 =$

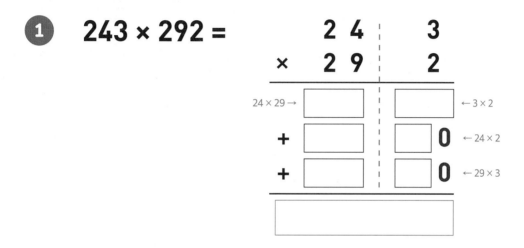

2 $514 \times 579 =$

❸ $313 \times 356 =$

$$
\begin{array}{r}
\boxed{} \quad \vdots \quad \boxed{} \\
\times \quad \boxed{} \quad \vdots \quad \boxed{} \\
\hline
\boxed{} \quad \vdots \quad \boxed{} \\
+ \quad \boxed{} \quad \vdots \quad \boxed{}\ 0 \\
+ \quad \boxed{} \quad \vdots \quad \boxed{}\ 0 \\
\hline
\boxed{}
\end{array}
$$

❹ $428 \times 323 =$

$$
\begin{array}{r}
\boxed{} \quad \vdots \quad \boxed{} \\
\times \quad \boxed{} \quad \vdots \quad \boxed{} \\
\hline
\boxed{} \quad \vdots \quad \boxed{} \\
+ \quad \boxed{} \quad \vdots \quad \boxed{}\ 0 \\
+ \quad \boxed{} \quad \vdots \quad \boxed{}\ 0 \\
\hline
\boxed{}
\end{array}
$$

🎲 십의 자리 숫자가 같은 곱셈 방법을 이용하려면 자릿수를 어떻게 나누어야 할까요?

5 215 × 277 =

$$
\begin{array}{r}
\boxed{} \ \vdots \ \boxed{} \\
\times \quad \boxed{} \ \vdots \ \boxed{} \\
\hline
\boxed{} \ \vdots \ \boxed{} \\
+ \quad \boxed{} \ \vdots \ \boxed{}\,0 \\
+ \quad \boxed{} \ \vdots \ \boxed{}\,0 \\
\hline
\boxed{}
\end{array}
$$

6 162 × 263 =

$$
\begin{array}{r}
\boxed{} \ \vdots \ \boxed{} \\
\times \quad \boxed{} \ \vdots \ \boxed{} \\
\hline
\boxed{} \ \vdots \ \boxed{} \\
+ \quad \boxed{} \ \vdots \ \boxed{}\,0 \\
+ \quad \boxed{} \ \vdots \ \boxed{}\,0 \\
\hline
\boxed{}
\end{array}
$$

162에서 62와 263에서 63이 십의 자리가 같은 숫자라는 점을 이용합니다.

▶ 정답 : 151쪽

인도수학의 암산 방법을 사용해 다음 문제를 풀어 보세요.

① $42 \times 56 =$ _____

② $78 \times 92 =$ _____

③ $232 \times 406 =$ _____

④ $195 \times 102 =$ _____

⑤ $134 \times 129 =$ _____

⑥ $732 \times 938 =$ _____

4장

나눗셈

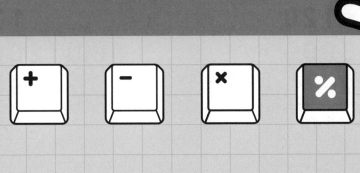

나누는 수가 25인 나눗셈

나누는 수가 25일 때에는 '25의 2배는 50, 4배는 100'이라는 점을 이용하여 암산으로 간단하게 풀 수 있습니다. 앞서 공부한 '25를 곱하는 곱셈'과 같은 원리입니다.

이 경우에는 따로 세로식을 만들지 않고 가로식으로 풀 수 있습니다.

예제

하루에 3000미터를 목표로 매일 수영 연습을 하고 있습니다.
수영장의 전체 길이가 25미터라면,
하루에 총 몇 번을 왔다 갔다 해야 할까요?

$$3000 \div 25 = ?$$

하루 목표량   수영장의 길이

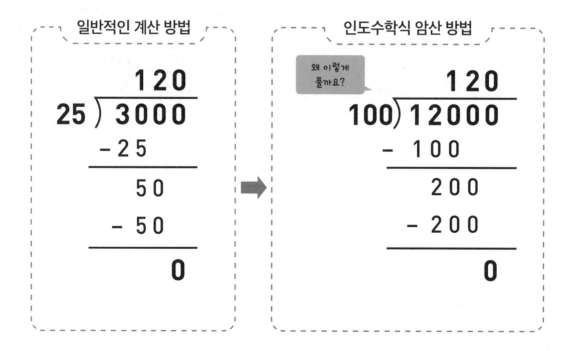

일반적인 계산 방법

```
      120
25 ) 3000
    -25
      50
     -50
       0
```

인도수학식 암산 방법

왜 이렇게 풀까요?

```
        120
100 ) 12000
     -100
       200
      -200
         0
```

☐ 단계별 암산 원리

1 나누는 수에 4배를 하여 0으로 떨어지는 수로 만듭니다.
길이가 25미터인 수영장을 4배로 만들면 100미터가 됩니다.

$$25 \times 4 = 100m$$

2 나누어지는 수도 똑같이 4배로 바꿉니다.
수영장 길이가 4배가 되었으므로, 하루 목표량도 4배로 바꾸어야 합니다.
앞서 공부한 '25를 곱하는 곱셈'과 같은 원리입니다.
나누어지는 수 3000미터에 4배를 하면 12000미터가 됩니다.

$$3000 \times 4 = 12000m$$

3 몫을 구합니다. 나누는 수와 나누어지는 수에 똑같이 4배를 해주었으므로, 몫에는 변함이 없습니다.
총 거리가 4배(12000미터)가 되어도 수영장의 길이도 똑같이 4배(100미터) 늘어난다면 왔다 갔다 하는 횟수는 마찬가지입니다.
12000÷100=120이므로, 120번이 답이 됩니다.

$$3000 \div 25 = 12000 \div 100$$

실력 다지기 ■■■■

25나 50과 같이 100으로 만들기 쉬운 수의 경우에는 이 같은 방법을 사용하면 편리합니다. 아래 수가 나왔을 때에는 몇 배를 곱해 주면 0으로 떨어지게 바꿀 수 있는지 생각해 보세요. 그럼, '2420÷5'는 어떻게 계산할까요?

① 5×2 = 10   ← 나누는 수를 2배로 만들어 0으로 떨어지게 만듭니다.

② 2420×2 = 4840   ← 나누어지는 수에도 똑같이 2배를 합니다.

③ 4840÷10 = 484

나누는 수를 0으로 떨어지게 바꾸어서 다음 문제를 풀어 보세요.
계산 방법에 익숙해지면 암산으로도 도전해 보세요.

1 **350 ÷ 25 =**

$350 \times 4 =$ ☐ ①

$25 \times 4 =$ ☐ ②

☐ ① ÷ ☐ ②

= ☐

⊡ 나누는 수와 나누어지는 수에 똑같이 4를 곱합니다.

2 **550 ÷ 25 =**

$550 \times 4 =$ ☐ ①

$25 \times 4 =$ ☐ ②

☐ ① ÷ ☐ ②

= ☐

⊡ 25를 0으로 떨어지게 만들려면 어떻게 해야 할까요?

▶ 정답 : 152쪽

3 **1225 ÷ 25 =**

$$\boxed{} \times 4 = \boxed{} \text{①}$$

$$\boxed{} \times 4 = \boxed{} \text{②}$$

$$\overset{\text{①}}{\boxed{}} \div \overset{\text{②}}{\boxed{}}$$

$$= \boxed{}$$

4 **2600 ÷ 25 =**

$$\boxed{} \times 4 = \boxed{} \text{①}$$

$$\boxed{} \times 4 = \boxed{} \text{②}$$

$$\overset{\text{①}}{\boxed{}} \div \overset{\text{②}}{\boxed{}}$$

$$= \boxed{}$$

5　550 ÷ 125 =

　　　$\boxed{}$ × 8 = $\boxed{}$ ①

　　　$\boxed{}$ × 8 = $\boxed{}$ ②

　　　　　$\boxed{}$① ÷ $\boxed{}$②

　　=　$\boxed{}$

　⚁ 125에 8을 곱하면 1000이 됩니다.

6　8100 ÷ 125 =

　　　$\boxed{}$ × 8 = $\boxed{}$ ①

　　　$\boxed{}$ × 8 = $\boxed{}$ ②

　　　　　$\boxed{}$① ÷ $\boxed{}$②

　　=　$\boxed{}$

7 **4431 ÷ 5 =**

$$\boxed{} \times 2 = \boxed{} \;①$$

$$\boxed{} \times 2 = \boxed{} \;②$$

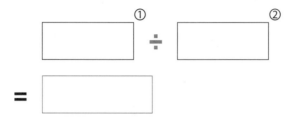

$$\boxed{}^{①} \div \boxed{}^{②}$$

$$= \boxed{}$$

⬚ 4431에 2배를 한 후 소수점을 한 자리 앞으로 옮깁니다.

8 **7284 ÷ 5 =**

$$\boxed{} \times 2 = \boxed{} \;①$$

$$\boxed{} \times 2 = \boxed{} \;②$$

$$\boxed{}^{①} \div \boxed{}^{②}$$

$$= \boxed{}$$

9 DAY

작은 수로 바꾸어 계산하는 나눗셈

앞에서 '3000 ÷ 25'를 똑같은 비율로 곱해 큰 수로 만든 다음 나누는 방법을 공부했습니다.

나누어지는 수와 나누는 수를 큰 수로 바꿀 수 있다면, 작은 수로 만들 수도 있습니다.

공통으로 나누어지는 수 가운데 가장 큰 수(최대공약수)를 찾아 작은 수로 만들면 나눗셈을 손쉽게 계산할 수 있습니다.

예제

수학경시대회에 모두 240명이 참가 신청을 했습니다.

240명을 15조로 나눈다면, 한 조의 인원은 몇 명이 될까요?

$$240 \div 15 = ?$$

총 참가자 수   15조

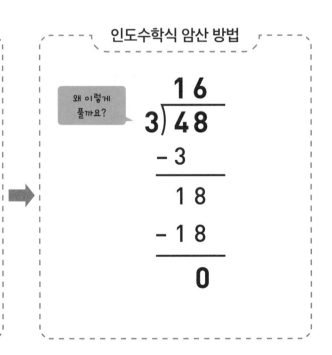

일반적인 계산 방법

$$
\begin{array}{r}
16 \\
15\overline{)240} \\
-15 \\
\hline
90 \\
-90 \\
\hline
0
\end{array}
$$

왜 이렇게 풀까요?

인도수학식 암산 방법

$$
\begin{array}{r}
16 \\
3\overline{)48} \\
-3 \\
\hline
18 \\
-18 \\
\hline
0
\end{array}
$$

☐ 단계별 암산 원리

1 나누어지는 수와 나누는 수를 비교합니다.

나누어지는 수와 나누는 수를 비교하여, 공통으로 나누어지는 수 중 가장 큰 수(최대공약수)를 찾습니다.

이때는 둘 중 크기가 작은 수부터 생각하는 것이 좋습니다. 15는 5×3으로 이루어져 있으므로, 240의 약수 중 5가 들어 있는지 생각해 봅니다.

$$240 = 5 \times 48$$
$$15 = 5 \times 3$$

2 공통으로 나누어지는 수로 양쪽을 나누어 작은 수로 만듭니다.

240과 15를 각각 5로 나누어, 문제를 작은 수로 바꾸어 줍니다.

나누는 수는 5와 같이 한 자리 수이고, 그중에서도 가능한 큰 수인 것이 좋습니다.

$$240 \div 5 = 48$$
$$15 \div 5 = 3$$

3 문제를 작은 수로 바꾸어 암산으로 계산합니다.

'240÷5'를 '48÷3'으로 바꾸면, 구구단을 사용해 쉽게 계산할 수 있습니다.

이처럼 인도수학에서는 공약수를 이용해 문제 자체를 간단하게 바꾼 다음, 암산으로 계산합니다.

$$48 \div 3 = 16$$
$$15 \div 5 = 3$$

어떻게 하면 공통으로 나누어떨어지는 수를 빨리 찾아낼 수 있을까요?
수의 형태를 잘 살피면 그리 어렵지 않습니다.

2로 나누어떨어지는 수	일의 자리가 짝수인 수 2, 4, 6, 8, 10, 12, 14, 16, 18, 20 등
3으로 나누어떨어지는 수	모든 자릿수의 합이 3으로 나누어떨어지는 수 3, 6, 9, 12, 15, 18, 21, 24, 27, 30 등
4로 나누어떨어지는 수	마지막 두 자리가 00이거나, 4의 배수인 수 4, 8, 12, 16, 20, 24, 28, 32, 36 등
5로 나누어떨어지는 수	일의 자리가 0 또는 5인 수 5, 10, 15, 20, 25, 30, 35, 40, 45 등
6으로 나누어떨어지는 수	일의 자리가 짝수이며 모든 자릿수의 합이 3으로 나누어떨어지는 수 6, 12, 18, 24, 30, 36, 42, 48, 54 등
7로 나누어떨어지는 수	7의 배수 7, 14, 21, 28, 35, 42, 49, 56, 63 등
8로 나누어떨어지는 수	마지막 세 자리가 000이거나, 8의 배수인 수 8, 16, 24, 32, 40, 48, 56, 64, 72 등
9로 나누어떨어지는 수	모든 자릿수의 합이 9로 나누어떨어지는 수 9, 18, 27, 36, 45, 54, 63, 72, 81 등

연습문제

▶ 정답 : 153쪽

어떤 수를 사용하면 둘 다 나누어지는지 찾아 다음 문제를 풀어 보세요.
나누는 수와 나누어지는 수 중에서 크기가 작은 쪽부터 생각하는 것이 좋습니다.

1 $480 \div 32 =$

$480 \div 8 = \boxed{}$ ①

$32 \div 8 = \boxed{}$ ②

$$\boxed{}^{①} \div \boxed{}^{②}$$

$$= \boxed{}$$

⊡ 32는 8×4, 480은 8×60으로 이루어져 있습니다.

2 $132 \div 12 =$

$132 \div 4 = \boxed{}$ ①

$12 \div 4 = \boxed{}$ ②

$$\boxed{}^{①} \div \boxed{}^{②}$$

$$= \boxed{}$$

⊡ 12는 4×3, 132는 4×33으로 이루어져 있습니다.

3 **810 ÷ 27 =**

810 ÷ ⬚ = ⬚ ①

27 ÷ ⬚ = ⬚ ②

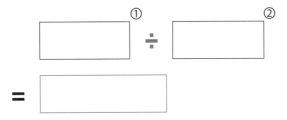

= ⬚

🎲 크기가 작은 27부터 생각하는 것이 좋습니다.

4 **720 ÷ 45 =**

720 ÷ ⬚ = ⬚ ①

45 ÷ ⬚ = ⬚ ②

⬚ ① ÷ ⬚ ②

= ⬚

🎲 45와 720이 나누어떨어지는 공통의 수는 무엇일까요?

5 **225 ÷ 45 =**

225 ÷ ☐ = ☐ ①

45 ÷ ☐ = ☐ ②

☐ ① ÷ ☐ ②

= ☐

6 **6300 ÷ 14 =**

6300 ÷ ☐ = ☐ ①

14 ÷ ☐ = ☐ ②

☐ ① ÷ ☐ ②

= ☐

10 DAY

나누는 수가 100에 가까운 나눗셈

나누는 수가 100에 조금 못 미치는 경우에는 복잡한 곱셈 과정을 거치지 않고도 간단하게 계산할 수 있습니다. 이러한 유형의 경우에는 기본적으로 종이에 연필로 쓰면서 풀되, 암산으로 가능한 부분은 되도록 암산으로 해결해 보세요.

예제

바이킹 나라의 1달러는 우리나라 돈으로 98원이라고 합니다.

그렇다면 우리 돈 35000원은 바이킹 나라 화폐로 얼마를 바꿀 수 있을까요?

또 바꾸고 남은 돈은 모두 얼마일까요?

$$35000 \div 98 = ?$$

우리 돈 35000원 | 바이킹 화폐 1달러에 해당하는 우리 돈

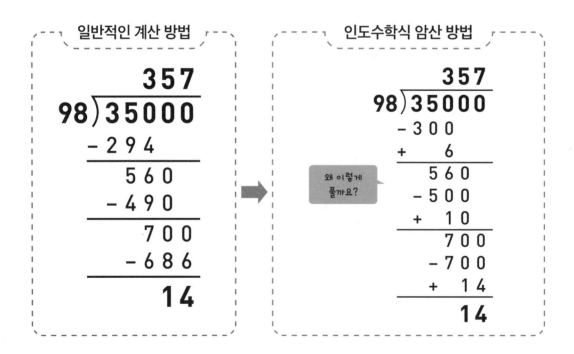

120

☐ 단계별 암산 원리

1 98과 가장 가깝고, 0으로 떨어지는 수는 100입니다.

원래의 문제가 '35000÷98'이 아니라, '35000÷100'이라고 가정해 봅시다.

98과 100의 차는 2이므로, 98 위에 작은 글씨로 '100-2'라고 써 둡니다.

$$\overset{\scriptstyle 100-2}{98\,\big)\,35000}$$

2 문제가 '35000÷100'이라고 가정하고 나눗셈을 합니다.

먼저 35000의 첫 세 자리인 350에 100이 세 번 들어가므로, 몫의 자리에 3이라고 쓰고, 350 아래에 300이라고 적습니다.

하지만 원래는 98로 나누는 것이므로, 98과 100의 차인 2의 3배를 더 빼준 셈이 됩니다.

이 부분을 되돌리기 위해 '2×3=6'을 다시 더해 줍니다.

$$
\begin{array}{r}
\overset{\scriptstyle 100-2}{98\,\big)\,35000} \\
-\ 300 \quad \leftarrow 100\times 3 \cdots ⓐ \\
+\quad 6 \quad \leftarrow 2\times 3 \cdots ⓑ \\
\hline
5\ 6 \quad \leftarrow \text{계산 결과}
\end{array}
$$
몫: 357

3 이 같은 방식으로 계산을 반복해 몫과 나머지를 구합니다.

오른쪽 수식에서 ⓐ는 나누는 수를 100으로 가정하고 계산한 부분이며, ⓑ는 이렇게 하여 생긴 차이를 원래대로 되돌린 부분입니다.

세로식이 길어지긴 하지만, 일반적인 계산 방법에 비해 번거로운 뺄셈 과정이 줄어들기 때문에 훨씬 간단하게 답을 구할 수 있습니다.

몫이 357, 나머지가 14이므로, 35000원으로 바이킹 나라 돈 357달러를 바꿀 수 있고, 잔돈은 우리 돈으로 14원이 남습니다.

$$
\begin{array}{r}
\overset{\scriptstyle 100-2}{98\,\big)\,35000} \qquad 357 \\
-\ 300 \quad \leftarrow 100\times 3 \cdots ⓐ \\
+\quad 6 \quad \leftarrow 2\times 3 \cdots ⓑ \\
\hline
5\ 6\ 0 \quad \leftarrow \text{56에 0을 붙입니다} \\
-\ 500 \quad \leftarrow 100\times 5 \cdots ⓐ \\
+\quad 10 \quad \leftarrow 2\times 5 \cdots ⓑ \\
\hline
7\ 0\ 0 \quad \leftarrow \text{70에 0을 붙입니다} \\
-\ 700 \quad \leftarrow 100\times 7 \cdots ⓐ \\
+\quad 14 \quad \leftarrow 2\times 7 \cdots ⓑ \\
\hline
14
\end{array}
$$

121

연습문제

앞에서 공부한 계산 방법을 사용하여 다음 문제를 풀어 보세요.
100으로 나눈 다음에는 반드시 그 차이만큼 더해 주어야 합니다.

1 ## $1301 ÷ 97 =$

🎲 97을 100으로 가정하고 푼 다음
그 차이만큼 다시 더합니다.

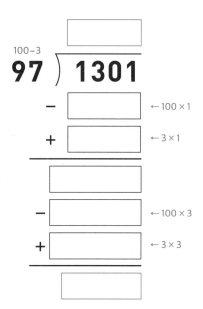

2 ## $7725 ÷ 99 =$

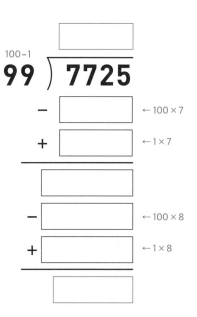

▶ 정답 : 154쪽

3 4280 ÷ 96 =

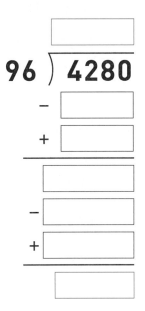

4 4305 ÷ 95 =

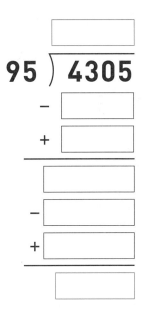

10 DAY

끝이 0으로 떨어지는 수로 만들어 나누는 나눗셈

앞에서 공부한 100에 가까운 수로 나눌 때의 계산 방법을 응용하여 좀 더 복잡한 나눗셈도 할 수 있습니다. 예를 들어 나누는 수가 19일 경우, 먼저 20으로 나눈 후 그 차이를 다시 더해 주면 됩니다.

예제

바이킹 마을에 있는 학교에 책을 기증하려고 합니다.
기증할 책이 6745권, 학교는 19곳이 있다면,
각 학교마다 몇 권씩 보내면 될까요?

$$6745 \div 19 = ?$$

기증할 책의 수   학교의 수

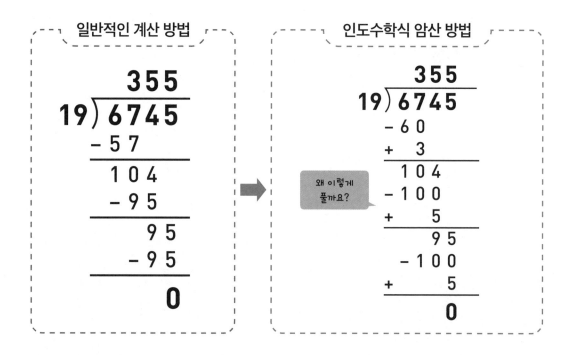

일반적인 계산 방법	인도수학식 암산 방법

왜 이렇게 풀까요?

단계별 암산 원리

1 19와 가장 가까운, 0으로 떨어지는 수를 찾습니다.

0으로 떨어지는 수 가운데 19와 가장 가까운 수는 20입니다.

계산을 쉽게 하기 위해서 19가 아니라 20으로 나누었다고
생각해 봅시다. 19와 20의 차는 1이므로,
19 위에 조그맣게 '20-1'이라고 써 둡니다.

$$\overset{20-1}{19\,\big)\,6745}$$

2 20으로 나눈 뒤, 그 차이를 더해 줍니다.

'6745÷20'이라고 생각하고 일반적인 나눗셈 방식으로 문제를 풉니다.

67에 20이 세 번 들어가므로, 몫의 자리에 들어갈 숫자는 3입니다.

하지만 원래 문제는 20이 아니라 19로
나누는 것이었으므로, 그대로 계산하면
19와 20의 차인 1의 3배만큼 더 빼주는
셈이 됩니다.

그러므로 '1×3=3'을 더해 줍니다.

다음부터는 이와 같은 계산 방법을 반복하면 됩니다.

$$
\begin{array}{r}
\overset{20-1}{19\,\big)\,6745} \\[-2pt]
355 \\
-60 \quad \leftarrow 20 \times 3 \cdots ⓐ \\
+3 \quad \leftarrow 1 \times 3 \cdots ⓑ \\
\hline
10 \quad \leftarrow 계산\ 결과
\end{array}
$$

3 위와 같은 방식으로 계산을 반복합니다.

오른쪽 수식에서 ⓐ는 나누는 수가
20이라고 가정하고 계산한 부분이고,
ⓑ는 그 차이를 더해 원래대로 되돌린
부분입니다.

이와 같은 방식은 세로식이 길어지는
단점이 있긴 하지만 번거로운 뺄셈을 하지
않고 보다 간편하게 계산할 수 있습니다.

$$
\begin{array}{r}
355 \\
19\,\big)\,6745 \\
-60 \quad \leftarrow 20 \times 3 \cdots ⓐ \\
+3 \quad \leftarrow 1 \times 3 \cdots ⓑ \\
\hline
104 \\
-100 \quad \leftarrow 20 \times 5 \cdots ⓐ \\
+5 \quad \leftarrow 1 \times 5 \\
\hline
95 \\
-100 \quad \leftarrow 20 \times 5 \cdots ⓐ \\
+5 \quad \leftarrow 1 \times 5 \cdots ⓑ \\
\hline
0
\end{array}
$$

연습문제

앞에서 공부한 인도수학의 나눗셈 방법을 사용하여 다음 문제를 풀어 보세요.
나누는 수를 어떻게 바꾸면 좋을지 잘 생각해 보세요.

1 **1752 ÷ 48 =**

🎲 48과 가깝고 0으로 떨어지는 숫자인
50으로 나눕니다.

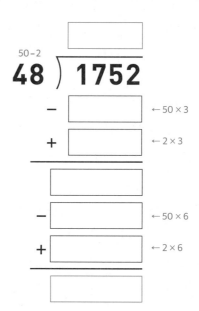

$$\begin{array}{r} \\ 48 \overline{\smash)1752} \\ - \leftarrow 50 \times 3 \\ + \leftarrow 2 \times 3 \\ \hline \\ - \leftarrow 50 \times 6 \\ + \leftarrow 2 \times 6 \\ \hline \end{array}$$

(50−2)

2 **2380 ÷ 29 =**

🎲 30으로 나눈 다음 그 차이를 되돌립니다.

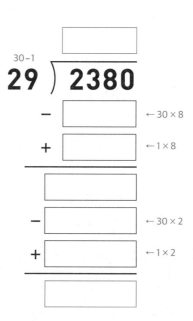

$$\begin{array}{r} \\ 29 \overline{\smash)2380} \\ - \leftarrow 30 \times 8 \\ + \leftarrow 1 \times 8 \\ \hline \\ - \leftarrow 30 \times 2 \\ + \leftarrow 1 \times 2 \\ \hline \end{array}$$

(30−1)

▶ 정답 : 155쪽

3 26013 ÷ 499 =

$$
499 \overline{)26013}
$$

$$
\begin{array}{r}
- \\
+ \\
\hline
 \\
- \\
+ \\
\hline

\end{array}
$$

4 18281 ÷ 389 =

$$
389 \overline{)18281}
$$

$$
\begin{array}{r}
- \\
+ \\
\hline
 \\
- \\
+ \\
\hline

\end{array}
$$

종합문제

▶ 정답 : 155쪽

인도수학의 암산 방법을 사용해 다음 문제를 풀어 보세요.

1   **7100 ÷ 25 =** _____

2   **990 ÷ 125 =** _____

3   **2000 ÷ 16 =** _____

4   **5250 ÷ 98 =** _____

5   **2212 ÷ 95 =** _____

6   **2367 ÷ 19 =** _____

정답

덧셈과 뺄셈

16~17쪽

1 28 + 57 =

28 + 2 = 30 ①
57 – 2 = 55 ②

① 30
+ ② 55
‾‾‾‾‾‾
85

2 36 + 25 =

76 + 4 = 40 ①
15 – 4 = 21 ②

① 40
+ ② 21
‾‾‾‾‾‾
61

3 38 + 49 =

38 + 2 = 40 ①
49 – 2 = 47 ②

① 40
+ ② 47
‾‾‾‾‾‾
87

4 57 + 26 =

57 + 3 = 60 ①
26 – 3 = 23 ②

① 60
+ ② 23
‾‾‾‾‾‾
83

5 27 + 69 =

27 + 3 = 30 ①
69 – 3 = 66 ②

① 30
+ ② 66
‾‾‾‾‾‾
96

6 76 + 45 =

76 + 4 = 80 ①
45 – 4 = 41 ②

① 80
+ ② 41
‾‾‾‾‾‾
121

18~19쪽

1 39 + 57 =

39 + 1 = 40 ①
57 – 1 = 56 ②

① 40
+ ② 56
‾‾‾‾‾‾
96

2 68 + 18 =

68 + 2 = 70 ①
18 – 2 = 16 ②

① 70
+ ② 16
‾‾‾‾‾‾
86

3 18 + 73 =

18 + 2 = 20 ①
73 – 2 = 71 ②

① 20
+ ② 71
‾‾‾‾‾‾
91

4 69 + 14 =

69 + [1] = [70] ①
14 − [1] = [13] ②

       ① [70]
  + ② [13]
         83

5 49 + 47 =

49 + [1] = [50] ①
47 − [1] = [46] ②

       ① [50]
  + ② [46]
         96

6 76 + 15 =

76 + [4] = [80] ①
15 − [4] = [11] ②

       ① [80]
  + ② [11]
         91

22~23쪽

1 487 + 665 =

487 + [13] = [500] ①
665 − [13] = [652] ②

    ① [500]
  + ② [652]
      1152

2 981 + 123 =

981 + [19] = [1000] ①
123 − [19] = [104] ②

    ① [1000]
  + ② [104]
      1104

3 778 + 889 =

778 + [22] = [800] ①
889 − [22] = [867] ②

    ① [800]
  + ② [867]
      1667

4 875 + 1566 =

875 + [25] = [900] ①
1566 − [25] = [1541] ②

    ① [900]
  + ② [1541]
      2441

5 589 + 2976 =

589 + [11] = [600] ①
2976 − [11] = [2965] ②

    ① [600]
  + ② [2965]
      3565

6 193 + 7349 =

193 + [7] = [200] ①
7349 − [7] = [7342] ②

    ① [200]
  + ② [7342]
      7542

26~27쪽

1 65 − 27 =

(27 + ☐ 3 ② = ☐ 30 ①)

```
        65
  − ①  30
  + ②   3
  ─────────
        38
```

2 57 − 19 =

(19 + ☐ 1 ② = ☐ 20 ①)

```
        57
  − ①  20
  + ②   1
  ─────────
        38
```

3 73 − 58 =

(58 + ☐ 2 ② = ☐ 60 ①)

```
        73
  − ①  60
  + ②   2
  ─────────
        15
```

4 84 − 28 =

(28 + ☐ 2 ② = ☐ 30 ①)

```
        84
  − ①  30
  + ②   2
  ─────────
        56
```

5 82 − 16 =

(16 + ☐ 4 ② = ☐ 20 ①)

```
        82
  − ①  20
  + ②   4
  ─────────
        66
```

6 88 − 39 =

(39 + ☐ 1 ② = ☐ 40 ①)

```
        88
  − ①  40
  + ②   1
  ─────────
        49
```

30~31쪽

1 832 − 196 =

(196 + ☐ 4 ② = ☐ 200 ①)

```
        832
  − ①  200
  + ②    4
  ─────────
        636
```

2 566 − 297 =

(297 + ☐ 3 ② = ☐ 300 ①)

```
        566
  − ①  300
  + ②    3
  ─────────
        269
```

3 976 − 393 =

(393 + $\boxed{7}$ ② = $\boxed{400}$ ①)

$$\begin{array}{r} 976 \\ -\ ①\ \boxed{400} \\ +\ ②\ \boxed{7} \\ \hline \boxed{583} \end{array}$$

4 621 − 193 =

(193 + $\boxed{7}$ ② = $\boxed{200}$ ①)

$$\begin{array}{r} 621 \\ -\ ①\ \boxed{200} \\ +\ ②\ \boxed{7} \\ \hline \boxed{428} \end{array}$$

5 756 − 488 =

(488 + $\boxed{12}$ ② = $\boxed{500}$ ①)

$$\begin{array}{r} 756 \\ -\ ①\ \boxed{500} \\ +\ ②\ \boxed{12} \\ \hline \boxed{268} \end{array}$$

6 982 − 578 =

(578 + $\boxed{22}$ ② = $\boxed{600}$ ①)

$$\begin{array}{r} 982 \\ -\ ①\ \boxed{600} \\ +\ ②\ \boxed{22} \\ \hline \boxed{404} \end{array}$$

32쪽

1 64 + 38 = 102

2 288 + 753 = 1041

3 998 + 1984 = 2982

4 42 − 28 = 14

5 572 − 489 = 83

6 981 − 688 = 293

곱셈

1 15 × 15 =

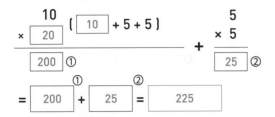

$$\begin{array}{r} 10 \\ \times \boxed{20} \\ \hline \boxed{200} \ ① \end{array}$$ ($\boxed{10}$ + 5 + 5) + $$\begin{array}{r} 5 \\ \times \ 5 \\ \hline \boxed{25} \ ② \end{array}$$

= $\boxed{200}^{①}$ + $\boxed{25}^{②}$ = $\boxed{225}$

2 55 × 55 =

$$\begin{array}{r} 50 \\ \times \boxed{60} \\ \hline \boxed{3000} \ ① \end{array}$$ ($\boxed{50}$ + 5 + 5) + $$\begin{array}{r} 5 \\ \times \ 5 \\ \hline \boxed{25} \ ② \end{array}$$

= $\boxed{3000}^{①}$ + $\boxed{25}^{②}$ = $\boxed{3025}$

3 25 × 25 =

$$\begin{array}{r} \boxed{20} \\ \times \boxed{30} \\ \hline \boxed{600} \ ① \end{array}$$ ($\boxed{20}$ + $\boxed{5}$ + $\boxed{5}$) + $$\begin{array}{r} 5 \\ \times \ 5 \\ \hline \boxed{25} \ ② \end{array}$$

= $\boxed{600}^{①}$ + $\boxed{25}^{②}$ = $\boxed{625}$

4 65 × 65 =

$$\begin{array}{r} \boxed{60} \\ \times \boxed{70} \\ \hline \boxed{4200} \ ① \end{array}$$ ($\boxed{60}$ + $\boxed{5}$ + $\boxed{5}$) + $$\begin{array}{r} 5 \\ \times \ 5 \\ \hline \boxed{25} \ ② \end{array}$$

= $\boxed{4200}^{①}$ + $\boxed{25}^{②}$ = $\boxed{4225}$

5 **35 × 35 =**

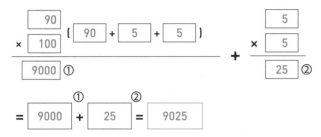

	30
×	40
	1200	①

(30 + 5 + 5)

+

	5
×	5
	25	②

= 1200 ① + 25 ② = 1225

6 **95 × 95 =**

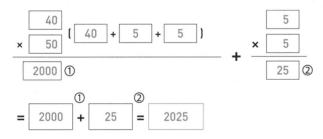

	90
×	100
	9000	①

(90 + 5 + 5)

+

	5
×	5
	25	②

= 9000 ① + 25 ② = 9025

7 **45 × 45 =**

	40
×	50
	2000	①

(40 + 5 + 5)

+

	5
×	5
	25	②

= 2000 ① + 25 ② = 2025

8 **85 × 85 =**

	80
×	90
	7200	①

(80 + 5 + 5)

+

	5
×	5
	25	②

= 7200 ① + 25 ② = 7225

42~43쪽

1 12 × 25 =

	12	
×	100	
÷	4	
	300	

2 88 × 25 =

	88	
×	100	
÷	4	
	2200	

3 36 × 25 =

	36	
×	100	
÷	4	
	900	

4 66 × 25 =

	66	
×	50	
÷	2	
	1650	

5 52 × 25 =

	52	
×	100	
÷	4	
	1300	

6 90 × 25 =

	90	
×	50	
÷	2	
	2250	

47~49쪽

1 13 × 11 =

10
× 14 (10 + 3 + 1)
140 ①

3
× 1
3 ②

= 140 ① + 3 ② = 143

2 15 × 18 =

10
× 23 (10 + 5 + 8)
230 ①

5
× 8
40 ②

= 230 ① + 40 ② = 270

3 12 × 16 =

```
        [ 10 ]                              2
    × [ 18 ]  ( [ 10 ] + [ 2 ] + [ 6 ] )  × 6
    [ 180 ] ①                        +    [ 12 ] ②
```

```
              ①              ②
   = [ 180 ] + [ 12 ] = [ 192 ]
```

4 13 × 19 =

```
        [ 10 ]                              3
    × [ 22 ]  ( [ 10 ] + [ 3 ] + [ 9 ] )  × 9
    [ 220 ] ①                        +    [ 27 ] ②
```

```
              ①              ②
   = [ 220 ] + [ 27 ] = [ 247 ]
```

5 17 × 14 =

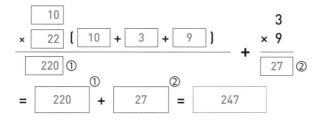

```
        [ 10 ]                              [ 7 ]
    × [ 21 ]  ( [ 10 ] + [ 7 ] + [ 4 ] )  × [ 4 ]
    [ 210 ] ①                        +    [ 28 ] ②
```

```
              ①              ②
   = [ 210 ] + [ 28 ] = [ 238 ]
```

6 19 × 18 =

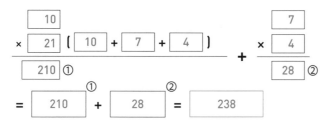

```
        [ 10 ]                              [ 9 ]
    × [ 27 ]  ( [ 10 ] + [ 9 ] + [ 8 ] )  × [ 8 ]
    [ 270 ] ①                        +    [ 72 ] ②
```

```
              ①              ②
   = [ 270 ] + [ 72 ] = [ 342 ]
```

1 21 × 28 =

$$\begin{array}{r} 20 \\ \times \boxed{29} \\ \hline \boxed{580} \,① \end{array}$$ (20 + 1 + 8) + $$\begin{array}{r} 1 \\ \times\ 8 \\ \hline \boxed{8} \,② \end{array}$$

= $\boxed{580}$ ① + $\boxed{8}$ ② = $\boxed{588}$

2 72 × 76 =

$$\begin{array}{r} 70 \\ \times \boxed{78} \\ \hline \boxed{5460} \,① \end{array}$$ (70 + 2 + 6) + $$\begin{array}{r} 2 \\ \times\ 6 \\ \hline \boxed{12} \,② \end{array}$$

= $\boxed{5460}$ ① + $\boxed{12}$ ② = $\boxed{5472}$

3 45 × 48 =

$$\begin{array}{r} \boxed{40} \\ \times \boxed{53} \\ \hline \boxed{2120} \,① \end{array}$$ ($\boxed{40}$ + $\boxed{5}$ + $\boxed{8}$) + $$\begin{array}{r} 5 \\ \times\ 8 \\ \hline \boxed{40} \,② \end{array}$$

= $\boxed{2120}$ ① + $\boxed{40}$ ② = $\boxed{2160}$

4 89 × 83 =

$$\begin{array}{r} \boxed{80} \\ \times \boxed{92} \\ \hline \boxed{7360} \,① \end{array}$$ ($\boxed{80}$ + $\boxed{9}$ + $\boxed{3}$) + $$\begin{array}{r} 9 \\ \times\ 3 \\ \hline \boxed{27} \,② \end{array}$$

= $\boxed{7360}$ ① + $\boxed{27}$ ② = $\boxed{7387}$

5 63 × 69 =

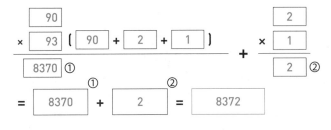

	60					3
×	72	(60 + 3 + 9)	+	×	9	
	4320 ①				27 ②	

= [4320] ① + [27] ② = [4347]

6 92 × 91 =

	90					2
×	93	(90 + 2 + 1)	+	×	1	
	8370 ①				2 ②	

= [8370] ① + [2] ② = [8372]

59~61쪽

1 21 × 29 =

	20				1
×	30	(20 + 1 + 9)	+	×	9
	600 ①				9 ②

= [600] ① + [9] ② = [609]

2 66 × 64 =

	60				6
×	70	(60 + 2 + 6)	+	×	4
	4200 ①				24 ②

= [4200] ① + [24] ② = [4224]

3 34 × 36 =

$$
\begin{array}{r}
30 \\
\times \quad 40 \\
\hline
1200 \text{ ①}
\end{array}
\quad (\; 30 \; + \; 4 \; + \; 6 \;)
\qquad + \qquad
\begin{array}{r}
4 \\
\times \; 6 \\
\hline
24 \text{ ②}
\end{array}
$$

= | 1200 ① | + | 24 ② | = | 1224 |

4 79 × 71 =

$$
\begin{array}{r}
70 \\
\times \quad 80 \\
\hline
5600 \text{ ①}
\end{array}
\quad (\; 70 \; + \; 9 \; + \; 1 \;)
\qquad + \qquad
\begin{array}{r}
9 \\
\times \; 1 \\
\hline
9 \text{ ②}
\end{array}
$$

= | 5600 ① | + | 9 ② | = | 5609 |

5 43 × 47 =

$$
\begin{array}{r}
40 \\
\times \quad 50 \\
\hline
2000 \text{ ①}
\end{array}
\quad (\; 40 \; + \; 3 \; + \; 7 \;)
\qquad + \qquad
\begin{array}{r}
3 \\
\times \; 7 \\
\hline
21 \text{ ②}
\end{array}
$$

= | 2000 ① | + | 21 ② | = | 2021 |

6 98 × 92 =

$$
\begin{array}{r}
90 \\
\times \quad 100 \\
\hline
9000 \text{ ①}
\end{array}
\quad (\; 90 \; + \; 8 \; + \; 2 \;)
\qquad + \qquad
\begin{array}{r}
8 \\
\times \; 2 \\
\hline
16 \text{ ②}
\end{array}
$$

= | 9000 ① | + | 16 ② | = | 9016 |

1 63 × 43 =

60	×	40	=	2400	①

3 × (60 + 40) = 300 ②

3 × 3 = 9 ③

	2400	
+	300	①
+	9	②
	2709	③

2 66 × 46 =

60	×	40	=	2400	①

3 × (60 + 40) = 600 ②

3 × 3 = 36 ③

	2400	
+	600	①
+	36	②
	3036	③

3 21 × 81 =

20	×	80	=	1600	①

1 × (20 + 80) = 100 ②

1 × 1 = 1 ③

	1600	
+	100	①
+	1	②
	1701	③

4 79 × 39 =

70	×	30	=	2100	①

9 × (70 + 30) = 900 ②

9 × 9 = 81 ③

	2100	
+	900	①
+	81	②
	3081	③

5 $34 \times 74 =$

| 30 | × | 70 | = | 2100 | ① |

| 4 | × (| 30 | + | 70 |) = | 400 | ② |

| 4 | × | 4 | = | 16 | ③ |

	2100	
+	400	①
+	16	②
	2516	③

6 $18 \times 98 =$

| 10 | × | 90 | = | 900 | ① |

| 8 | × (| 10 | + | 90 |) = | 800 | ② |

| 8 | × | 8 | = | 64 | ③ |

	900	
+	800	①
+	64	②
	1764	③

71~73쪽

1 $96 \times 99 =$

| 95 | { 100 − (| 4 | + | 1 |) } |

× 100

| 9500 | ①

+

4

× 1

| 4 | ②

= | 9500 |① + | 4 |②

= | 9504 |

142

2 94 × 97 =

```
    91  { 100 − ( 6 + 3 ) }              6
  ×  100                              × 3
  ──────────────────────────    +    ────────
    9100 ①                            18 ②

            ①           ②
  =    9100   +    18

  =    9118
```

3 95 × 98 =

```
    93  { 100 − ( 5 + 2 ) }              5
  ×  100                              × 2
  ──────────────────────────    +    ────────
    9300 ①                            10 ②

            ①           ②
  =    9300   +    10

  =    9310
```

4 92 × 97 =

```
    89  { 100 − ( 8 + 3 ) }              8
  ×  100                              × 3
  ──────────────────────────    +    ────────
    8900 ①                            24 ②

            ①           ②
  =    8900   +    24

  =    8924
```

5 93 × 96 =

$$\begin{array}{r} \boxed{89} \\ \times \ \boxed{100} \\ \hline \boxed{8900} \ ① \end{array} \quad \{ \boxed{100} - (\boxed{7} + \boxed{4}) \} \qquad\qquad \begin{array}{r} \boxed{7} \\ \times \ \boxed{4} \\ \hline \boxed{28} \ ② \end{array}$$

$$= \boxed{8900}^{①} + \boxed{28}^{②}$$

$$= \boxed{8928}$$

6 94 × 99 =

$$\begin{array}{r} \boxed{93} \\ \times \ \boxed{100} \\ \hline \boxed{9300} \ ① \end{array} \quad \{ \boxed{100} - (\boxed{6} + \boxed{1}) \} \qquad\qquad \begin{array}{r} \boxed{6} \\ \times \ \boxed{1} \\ \hline \boxed{6} \ ② \end{array}$$

$$= \boxed{9300}^{①} + \boxed{6}^{②}$$

$$= \boxed{9306}$$

77~79쪽

1 298 × 172 =

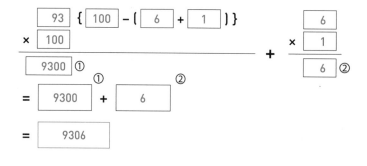

$$\begin{array}{r} \boxed{170} \\ \times \ 300 \\ \hline \boxed{51000} \ ① \end{array} \quad \{ 300 - (\boxed{2} + \boxed{128}) \} \qquad\qquad \begin{array}{r} 2 \\ \times \ 128 \\ \hline \boxed{256} \ ② \end{array}$$

$$= \boxed{51000}^{①} + \boxed{256}^{②}$$

$$= \boxed{51256}$$

144

2 598 × 421 =

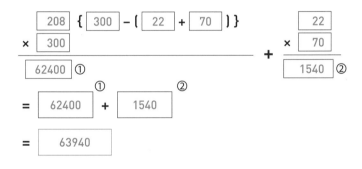

3 278 × 230 =

$$\boxed{208}\ \{\ \boxed{300}\ -\ (\ \boxed{22}\ +\ \boxed{70}\ )\ \}$$
$$\times\ \boxed{300}$$
$$\overline{\boxed{62400}\ ①}\qquad\qquad +\ \begin{array}{r}\boxed{22}\\ \times\ \boxed{70}\\ \hline \boxed{1540}\ ②\end{array}$$

$$=\ \underset{①}{\boxed{62400}}\ +\ \underset{②}{\boxed{1540}}$$

$$=\ \boxed{63940}$$

4 891 × 769 =

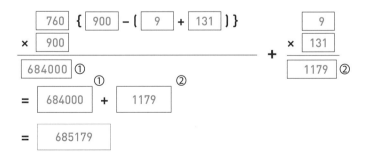

5 397 × 698 =

395	{	700	− (	303	+	2	) }		303
×	700							×	2
276500	①						+	606	②

= 276500 ① + 606 ②

= 277106

6 794 × 890 =

784	{	900	− (	106	+	10	) }		106
×	900							×	10
705600	①						+	1060	②

= 705600 ① + 1060 ②

= 706660

80쪽

1 32 × 25 = 800   **2** 14 × 18 = 252

3 38 × 34 = 1292   **4** 82 × 88 = 7216

5 24 × 84 = 2016   **6** 96 × 97 = 9312

곱셈 2 - 크로스 계산법

84~87쪽

1 32 × 15 =

```
      32
×     15
   ┌─────┐
   │ 310 │
 + │ 150 │
 + │  20 │
   ├─────┤
   │ 480 │
   └─────┘
```

2 19 × 37 =

```
      19
×     37
   ┌─────┐
   │ 363 │
 + │  70 │
 + │ 270 │
   ├─────┤
   │ 703 │
   └─────┘
```

3 28 × 34 =

```
      28
×     34
   ┌─────┐
   │ 632 │
 + │  80 │
 + │ 240 │
   ├─────┤
   │ 952 │
   └─────┘
```

4 26 × 41 =

```
      26
×     41
   ┌─────┐
   │ 806 │
 + │  20 │
 + │ 240 │
   ├──────┤
   │ 1066 │
   └──────┘
```

5 34 × 29 =

```
      34
×     29
   ┌─────┐
   │ 636 │
 + │ 270 │
 + │  80 │
   ├─────┤
   │ 986 │
   └─────┘
```

6 33 × 47 =

```
      33
×     47
   ┌──────┐
   │ 1221 │
 + │  210 │
 + │  120 │
   ├──────┤
   │ 1551 │
   └──────┘
```

7 51 × 27 =

```
      51
×     27
   ┌──────┐
   │ 1007 │
 + │  350 │
 + │   20 │
   ├──────┤
   │ 1377 │
   └──────┘
```

8 49 × 82 =

```
      49
×     82
   ┌──────┐
   │ 3218 │
 + │   80 │
 + │  720 │
   ├──────┤
   │ 4018 │
   └──────┘
```

1 134 × 123 =

	① 13	4
× ②	12	3

156	1 2	
+ 3	9 **0**	①
+ 4	8 **0**	②

16482

2 509 × 221 =

	① 50	9
× ②	22	1

1100	0 9	
+ 5	0 **0**	①
+ 19	8 **0**	②

112489

3 124 × 106 =

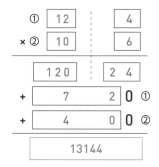

13144

4 312 × 405 =

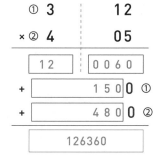

126360

5 121 × 128 =

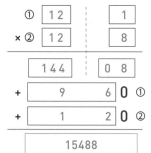

15488

6 736 × 302 =

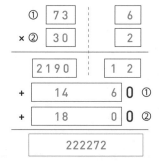

222272

1 143 × 192 =

	① 14	3
×	② 19	2

	226	0 6
+	2	8 0
+	5	7 0

27456

2 174 × 189 =

	① 17	4
×	② 18	9

	306	3 6
+	15	3 0
+	7	2 0

32886

3 113 × 156 =

	① 11	3
×	② 15	6

	165	1 8
+	6	6 0
+	4	5 0

17628

4 188 × 192 =

	① 18	8
×	② 19	2

	342	1 6
+	3	6 0
+	15	2 0

36096

5 121 × 189 =

	① 12	1
×	② 18	9

	216	0 9
+	10	8 0
+	1	8 0

22869

6 132 × 146 =

	① 13	2
×	② 14	6

	182	1 2
+	7	8 0
+	2	8 0

19272

1 243 × 292 =

① 24   3
× ② 29   2

696	0 6
+ 4	8 0
+ 8	7 0

70956

2 514 × 579 =

① 51   4
× ② 57   9

2907	3 6
+ 45	9 0
+ 22	8 0

297606

3 313 × 356 =

① 31   3
× ② 35   6

1085	1 8
+ 18	6 0
+ 10	5 0

111428

4 428 × 323 =

① 4   28
× ② 3   23

12	0 6 4 4
+	9 2 0 0
+	8 4 0 0

138244

5 215 × 277 =

① 21   5
× ② 27   7

567	3 5
+ 14	7 0
+ 13	5 0

59555

6 162 × 263 =

① 1   62
× ② 2   63

2	3 9 0 6
+	6 3 0 0
+ 1	2 4 0 0

42606

106쪽

1 42 × 56 = 2352

2 78 × 92 = 7176

3 232 × 406 = 94192

4 195 × 102 = 19890

5 134 × 129 = 17286

6 732 × 938 = 686616

나눗셈

110~113쪽

1 350 ÷ 25 =

350 × 4 = [1400] ①

25 × 4 = [100] ②

[1400] ① ÷ [100] ②

= [14]

2 550 ÷ 25 =

550 × 4 = [2200] ①

25 × 4 = [100] ②

[2200] ① ÷ [100] ②

= [22]

3 1225 ÷ 25 =

[1225] × 4 = [4900] ①

[25] × 4 = [100] ②

[4900] ① ÷ [100] ②

= [49]

4 2600 ÷ 25 =

[2600] × 4 = [10400] ①

[25] × 4 = [100] ②

[10400] ① ÷ [100] ②

= [104]

5 550 ÷ 125 =

[550] × 8 = [4400] ①

[125] × 8 = [1000] ②

[4400] ① ÷ [1000] ②

= [4.4]

6 8100 ÷ 125 =

[8100] × 8 = [64800] ①

[125] × 8 = [1000] ②

[64800] ① ÷ [1000] ②

= [64.8]

7 4431 ÷ 5 =

| 4431 | × 2 = | 8862 | ① |

| 5 | × 2 = | 10 | ② |

| 8862 | ÷ | 10 |
(①) (②)

= | 886.2 |

8 7284 ÷ 5 =

| 7284 | × 2 = | 14568 | ① |

| 5 | × 2 = | 10 | ② |

| 14568 | ÷ | 10 |
(①) (②)

= | 1456.8 |

— 117~119쪽 —

1 480 ÷ 32 =

480 ÷ 8 = | 60 | ①

32 ÷ 8 = | 4 | ②

| 60 | ÷ | 4 |
(①) (②)

= | 15 |

2 132 ÷ 12 =

132 ÷ 4 = | 33 | ①

12 ÷ 4 = | 3 | ②

| 33 | ÷ | 3 |
(①) (②)

= | 11 |

3 810 ÷ 27 =

810 ÷ | 9 | = | 90 | ①

27 ÷ | 9 | = | 3 | ②

| 90 | ÷ | 3 |
(①) (②)

= | 30 |

4 720 ÷ 45 =

720 ÷ | 9 | = | 80 | ①

45 ÷ | 9 | = | 5 | ②

| 80 | ÷ | 5 |
(①) (②)

= | 16 |

5 **225 ÷ 45 =**

225 ÷ [5] = [45] ①

45 ÷ [5] = [9] ②

[45]① ÷ [9]②

= [5]

6 **6300 ÷ 14 =**

6300 ÷ [7] = [900] ①

14 ÷ [7] = [2] ②

[900]① ÷ [2]②

= [450]

122~123쪽

1 **1301 ÷ 97 =**

```
            13
      ┌─────────
  97 )  1301
   −    100
   +      3
      ─────────
        331
   −    300
   +      9
      ─────────
         40
```

2 **7725 ÷ 99 =**

```
            78
      ┌─────────
  99 )  7725
   −    700
   +      7
      ─────────
        795
   −    800
   +      8
      ─────────
          3
```

3 **4280 ÷ 96 =**

```
            44
      ┌─────────
  96 )  4280
   −    400
   +     16
      ─────────
        440
   −    400
   +     16
      ─────────
         56
```

4 **4305 ÷ 95 =**

```
            45
      ┌─────────
  95 )  4305
   −    400
   +     20
      ─────────
        505
   −    500
   +     25
      ─────────
         30
```

1 1752 ÷ 48 =

```
        36
   48 ) 1752
    -  150
    +    6
       312
    -  300
    +   12
        24
```

2 2380 ÷ 29 =

```
        82
   29 ) 2380
    -  240
    +    8
        60
    -   60
    +    2
         2
```

3 26013 ÷ 499 =

```
          52
   499 ) 26013
    -   2500
    +      5
        1063
    -   1000
    +      2
          65
```

4 18281 ÷ 389 =

```
          46
   389 ) 18281
    -   1600
    +     44
        2721
    -   2400
    +     66
         387
```

1 7100 ÷ 25 = 284

2 990 ÷ 125 = 7.92

3 2000 ÷ 16 = 125

4 5250 ÷ 98 = 53 ⋯ 56

5 2212 ÷ 95 = 23 ⋯ 27

6 2367 ÷ 19 = 124 ⋯ 11

지은이 인도수학연구회

수학과 출신으로 구성된 인도수학 연구 모임으로, 수학을 즐겁게 공부할 수 있는 인도수학의 빠르고 신기한 계산 방법을 널리 소개하고 있습니다.

감수 라니 산쿠

인도에서 태어나 회계학·경제학·경영학을 공부하고, IT(Indian Institutes of Technology) 대학에서 박사 과정을 수료했습니다. 이후 일본으로 이주하여 일본 주재 인도대사관 등에서 근무했습니다. 현재 도쿄에서 리틀엔젤스 잉글리시 아카데미를 운영하고 있습니다. '놀이로 배우는 수학'을 영어교육에 활용하는 교육 방침으로 유명하며, 인도의 창의적인 수학교육 방법을 일본에 소개하는 데 큰 역할을 했습니다.

옮긴이 장은정

방송통신대학교 일본학과를 졸업했으며 한국외국어대학교 국제지역대학원 일본학과를 수료했습니다. 현재 번역에이전시 엔터스코리아 출판기획 및 일본어 전문 번역가로 활동하고 있습니다. 옮긴 책으로는 《암산이 빨라지는 인도 베다수학》, 《재밌어서 밤새 읽는 수학 이야기 : 프리미엄 편》, 《세상에서 가장 쉬운 베이즈통계학 입문》 등이 있습니다.

암산이 빨라지는 **인도 베다수학**

기적의 계산법

1판 1쇄 펴낸 날 2023년 2월 10일
1판 2쇄 펴낸 날 2023년 8월 25일

지은이 인도수학연구회
감수 라니 산쿠
옮긴이 장은정

펴낸이 박윤태
펴낸곳 보누스
등록 2001년 8월 17일 제313-2002-179호
주소 서울시 마포구 동교로12안길 31 보누스 4층
전화 02-333-3114
팩스 02-3143-3254
이메일 viking@bonusbook.co.kr
블로그 http://blog.naver.com/vikingbook

ISBN 978-89-6494-602-2 03410

＊ 이 책은 《암산이 빨라지는 인도 베다수학》의 개정판입니다.

바이킹은 보누스출판사의 어린이책 브랜드입니다.

• 책값은 뒤표지에 있습니다.

부록

19 × 19단

① 곱셈표를 점선에 맞추어 잘라요.
   * 주의! 가위로 자를 때는 다치지 않게 조심해요.

② 친구에게 문제를 내 보세요.
   함께 구구단 놀이를 할 수 있어요.

2 × 1 = 2	3 × 1 = 3	4 × 1 = 4
2 × 2 = 4	3 × 2 = 6	4 × 2 = 8
2 × 3 = 6	3 × 3 = 9	4 × 3 = 12
2 × 4 = 8	3 × 4 = 12	4 × 4 = 16
2 × 5 = 10	3 × 5 = 15	4 × 5 = 20
2 × 6 = 12	3 × 6 = 18	4 × 6 = 24
2 × 7 = 14	3 × 7 = 21	4 × 7 = 28
2 × 8 = 16	3 × 8 = 24	4 × 8 = 32
2 × 9 = 18	3 × 9 = 27	4 × 9 = 36
2 × 10 = 20	3 × 10 = 30	4 × 10 = 40
2 × 11 = 22	3 × 11 = 33	4 × 11 = 44
2 × 12 = 24	3 × 12 = 36	4 × 12 = 48
2 × 13 = 26	3 × 13 = 39	4 × 13 = 52
2 × 14 = 28	3 × 14 = 42	4 × 14 = 56
2 × 15 = 30	3 × 15 = 45	4 × 15 = 60
2 × 16 = 32	3 × 16 = 48	4 × 16 = 64
2 × 17 = 34	3 × 17 = 51	4 × 17 = 68
2 × 18 = 36	3 × 18 = 54	4 × 18 = 72
2 × 19 = 38	3 × 19 = 57	4 × 19 = 76

5 × 1 = 5	6 × 1 = 6	7 × 1 = 7
5 × 2 = 10	6 × 2 = 12	7 × 2 = 14
5 × 3 = 15	6 × 3 = 18	7 × 3 = 21
5 × 4 = 20	6 × 4 = 24	7 × 4 = 28
5 × 5 = 25	6 × 5 = 30	7 × 5 = 35
5 × 6 = 30	6 × 6 = 36	7 × 6 = 42
5 × 7 = 35	6 × 7 = 42	7 × 7 = 49
5 × 8 = 40	6 × 8 = 48	7 × 8 = 56
5 × 9 = 45	6 × 9 = 54	7 × 9 = 63
5 × 10 = 50	6 × 10 = 60	7 × 10 = 70
5 × 11 = 55	6 × 11 = 66	7 × 11 = 77
5 × 12 = 60	6 × 12 = 72	7 × 12 = 84
5 × 13 = 65	6 × 13 = 78	7 × 13 = 91
5 × 14 = 70	6 × 14 = 84	7 × 14 = 98
5 × 15 = 75	6 × 15 = 90	7 × 15 = 105
5 × 16 = 80	6 × 16 = 96	7 × 16 = 112
5 × 17 = 85	6 × 17 = 102	7 × 17 = 119
5 × 18 = 90	6 × 18 = 108	7 × 18 = 126
5 × 19 = 95	6 × 19 = 114	7 × 19 = 133

8 × 1 = 8	9 × 1 = 9	10 × 1 = 10
8 × 2 = 16	9 × 2 = 18	10 × 2 = 20
8 × 3 = 24	9 × 3 = 27	10 × 3 = 30
8 × 4 = 32	9 × 4 = 36	10 × 4 = 40
8 × 5 = 40	9 × 5 = 45	10 × 5 = 50
8 × 6 = 48	9 × 6 = 54	10 × 6 = 60
8 × 7 = 56	9 × 7 = 63	10 × 7 = 70
8 × 8 = 64	9 × 8 = 72	10 × 8 = 80
8 × 9 = 72	9 × 9 = 81	10 × 9 = 90
8 × 10 = 80	9 × 10 = 90	10 × 10 = 100
8 × 11 = 88	9 × 11 = 99	10 × 11 = 110
8 × 12 = 96	9 × 12 = 108	10 × 12 = 120
8 × 13 = 104	9 × 13 = 117	10 × 13 = 130
8 × 14 = 112	9 × 14 = 126	10 × 14 = 140
8 × 15 = 120	9 × 15 = 135	10 × 15 = 150
8 × 16 = 128	9 × 16 = 144	10 × 16 = 160
8 × 17 = 136	9 × 17 = 153	10 × 17 = 170
8 × 18 = 144	9 × 18 = 162	10 × 18 = 180
8 × 19 = 152	9 × 19 = 171	10 × 19 = 190

11 × 1 = 11	12 × 1 = 12	13 × 1 = 13
11 × 2 = 22	12 × 2 = 24	13 × 2 = 26
11 × 3 = 33	12 × 3 = 36	13 × 3 = 39
11 × 4 = 44	12 × 4 = 48	13 × 4 = 52
11 × 5 = 55	12 × 5 = 60	13 × 5 = 65
11 × 6 = 66	12 × 6 = 72	13 × 6 = 78
11 × 7 = 77	12 × 7 = 84	13 × 7 = 91
11 × 8 = 88	12 × 8 = 96	13 × 8 = 104
11 × 9 = 99	12 × 9 = 108	13 × 9 = 117
11 × 10 = 110	12 × 10 = 120	13 × 10 = 130
11 × 11 = 121	12 × 11 = 132	13 × 11 = 143
11 × 12 = 132	12 × 12 = 144	13 × 12 = 156
11 × 13 = 143	12 × 13 = 156	13 × 13 = 169
11 × 14 = 154	12 × 14 = 168	13 × 14 = 182
11 × 15 = 165	12 × 15 = 180	13 × 15 = 195
11 × 16 = 176	12 × 16 = 192	13 × 16 = 208
11 × 17 = 187	12 × 17 = 204	13 × 17 = 221
11 × 18 = 198	12 × 18 = 216	13 × 18 = 234
11 × 19 = 209	12 × 19 = 228	13 × 19 = 247

14 × 1 = 14	15 × 1 = 15	16 × 1 = 16
14 × 2 = 28	15 × 2 = 30	16 × 2 = 32
14 × 3 = 42	15 × 3 = 45	16 × 3 = 48
14 × 4 = 56	15 × 4 = 60	16 × 4 = 64
14 × 5 = 70	15 × 5 = 75	16 × 5 = 80
14 × 6 = 84	15 × 6 = 90	16 × 6 = 96
14 × 7 = 98	15 × 7 = 105	16 × 7 = 112
14 × 8 = 112	15 × 8 = 120	16 × 8 = 128
14 × 9 = 126	15 × 9 = 135	16 × 9 = 144
14 × 10 = 140	15 × 10 = 150	16 × 10 = 160
14 × 11 = 154	15 × 11 = 165	16 × 11 = 176
14 × 12 = 168	15 × 12 = 180	16 × 12 = 192
14 × 13 = 182	15 × 13 = 195	16 × 13 = 208
14 × 14 = 196	15 × 14 = 210	16 × 14 = 224
14 × 15 = 210	15 × 15 = 225	16 × 15 = 240
14 × 16 = 224	15 × 16 = 240	16 × 16 = 256
14 × 17 = 238	15 × 17 = 255	16 × 17 = 272
14 × 18 = 252	15 × 18 = 270	16 × 18 = 288
14 × 19 = 266	15 × 19 = 285	16 × 19 = 304

17 × 1 = 17	18 × 1 = 18	19 × 1 = 19
17 × 2 = 34	18 × 2 = 36	19 × 2 = 38
17 × 3 = 51	18 × 3 = 54	19 × 3 = 57
17 × 4 = 68	18 × 4 = 72	19 × 4 = 76
17 × 5 = 85	18 × 5 = 90	19 × 5 = 95
17 × 6 = 102	18 × 6 = 108	19 × 6 = 114
17 × 7 = 119	18 × 7 = 126	19 × 7 = 133
17 × 8 = 136	18 × 8 = 144	19 × 8 = 152
17 × 9 = 153	18 × 9 = 162	19 × 9 = 171
17 × 10 = 170	18 × 10 = 180	19 × 10 = 190
17 × 11 = 187	18 × 11 = 198	19 × 11 = 209
17 × 12 = 204	18 × 12 = 216	19 × 12 = 228
17 × 13 = 221	18 × 13 = 234	19 × 13 = 247
17 × 14 = 238	18 × 14 = 252	19 × 14 = 266
17 × 15 = 255	18 × 15 = 270	19 × 15 = 285
17 × 16 = 272	18 × 16 = 288	19 × 16 = 304
17 × 17 = 289	18 × 17 = 306	19 × 17 = 323
17 × 18 = 306	18 × 18 = 324	19 × 18 = 342
17 × 19 = 323	18 × 19 = 342	19 × 19 = 361